教育部卓越教师培养计划改革项目成果教材

化学

（下 册）

主　审　李家其

主　编　周硕林　梅　敏

副主编　佟玲玲　李　骏

　　　　张　银　范　丹

参　编　康秋红　黄学艺

特配电子资源

微信扫码
- 延伸阅读
- 视频学习
- 互动交流

南京大学出版社

内容简介

本书是教育部卓越教师培养计划改革项目成果教材之一，此为《化学（下册）》。

本书内容包括常见的金属材料、常见的非金属元素、化学反应与能量、有机化合物等；为适应化学学习特点，将实验部分单独列出，以供理实相结合教学；每章节后附有章节测试练习题，以供学习巩固之用。本书旨在帮助学生学习和巩固化学基础知识、基本原理及基本实验技能，提高科学素养。

本书可以作为高等院校、高专学校的小学教育、学前教育专业本专科学生文化课程教材，也可作成人教育、小学科学、幼儿园教师等相关人员的通识性教材。

图书在版编目(CIP)数据

化学. 下册 / 周硕林，梅敏主编. — 南京 ：南京大学出版社，2021.8（2023.1重印）

ISBN 978 - 7 - 305 - 24883 - 2

Ⅰ. ①化… Ⅱ. ①周… ②梅… Ⅲ. ①化学－师范学校－教材 Ⅳ. ①O6

中国版本图书馆 CIP 数据核字(2021)第 172450 号

出版发行　南京大学出版社
社　　址　南京市汉口路22号　　　　邮　编　210093
出 版 人　金鑫荣

书　　名　化学（下册）
主　　编　周硕林　梅　敏
责任编辑　刘　飞　　　　　　　　编辑热线　025 - 83592146

照　　排　南京南琳图文制作有限公司
印　　刷　南京新洲印刷有限公司
开　　本　787×1092　1/16　印张8.25　字数200千
版　　次　2021年8月第1版　2023年1月第2次印刷
ISBN 978 - 7 - 305 - 24883 - 2
定　　价　39.00元

网址：http://www.njupco.com
官方微博：http://weibo.com/njupco
官方微信号：njupress
销售咨询热线：(025) 83594756

——前 言——

　　为适应新时代下对五年制专科、六年制本科层次小学、幼儿园教师的培养要求以及学生的学习特点，着眼化学课程的功能和定位，突出基础性、时代性和较好的可操作性，本书旨在帮助学生掌握化学基础知识、基本原理及基本实验技能，提高科学素养。

　　本书包括常见的金属材料、常见的非金属元素、化学反应与能量、有机化合物等内容；为适应化学学习特点，将实验部分单独列出，以供理实相结合教学；每章节后附有章节测试练习题，以供学习巩固之用。

　　本书可以作为高等院校、高专学校的小学教育、学前教育专业本专科学生文化课程教材，也可作为成人教育、小学科学、幼儿园教师等相关人员的通识性教材。

　　全书由长沙师范学院周硕林、湖南幼儿师范高等专科学校梅敏担任主编，由长沙师范学院佟玲玲、湘中幼儿师范高等专科学校李骏、长沙师范学院张银、湖南幼儿师范高等专科学校范丹担任副主编，由湖南幼儿师范高等专科学校康秋红、怀化幼儿师范高等专科学校黄学艺担任参编。最后由周硕林负责统稿。编写中参考并借鉴了部分兄弟院校的教材或讲义等资料以及同行的研究成果、观点等，在此一并表示感谢。感谢所有关心和支持这本教材编写、出版、发行的单位和同志。

　　由于编者水平有限，经验不足，书中难免存在一些缺点和错误，恳请读者给予批评指正。

编　者

2021 年 8 月于长沙

目 录

第三章　化学反应与能量

第四章　有机化合物

实验部分

参考文献

第一章　常见的金属材料

章首语 ▶

　　从青铜器时代、铁器时代,到现在的合金材料、特种金属材料时代,金属材料在国民经济和日常生活中占有重要的地位。通过本章的学习,巩固初中所学的知识,并对金属的性质有更加系统的了解。熟悉生产、生活中常见的金属种类及其应用,并将所学知识应用于生活,能更好地解决生活中的实际问题。

知识树 ▶

常见的金属材料 ┤ 金属的一般通性

重要的金属及其化合物 ┤ 铝及其化合物

铁及其化合物

合金材料

第一节　金属的一般通性

　　从五千年前的青铜器,到三千年前的铁器,再到 20 世纪的铝合金材料,金属材料对于促进生产发展、改善人类生活水平发挥了巨大作用。现在新型金属材料取得了积极进展,在工业、农业、国防军事、科学技术以及人类生活等方面正发挥着日益重要的作用。

　　在迄今发现的 110 多种元素中,大约有 4/5 是金属元素,由此可见金属元素在元素世界中的重要地位。在日常生活中,我们经常接触到各种各样的金属,那么不同金属的性质有何区别和联系呢?

一、金属的物理性质

　　金属晶体中存在金属离子和自由电子。金属离子总是紧密地堆积在一起,与自由电子之间存在较强烈的金属键,自由电子在整个晶体中自由运动。这样的结构使得金属具有共同的特性,如有光泽、不透明,是热和电的良导体,有良好的延展性和机械强度。

1. 不透明、具有光泽

　　金属是不透明的,这是由于金属晶体中的自由电子能够吸收照射到金属表面的可见光。整块金属具有金属光泽，这是因为自由电子可以把部分吸收的可见光反射出去，从而使金属具有光泽，但当金属处于粉末状态时，常显不同的颜色。

2. 导电性

金属内部有自由电子是金属能够导电的重要原因。当然，除了自由电子之外，电流形成还必须有"通路"——让电子定向通过的空间。

在众多金属中，银的导电能力名列第一，超过汞和铜。因此，一些精密仪表常用银丝作导线。电子管的插脚、电器表面都镀上了银，这样做不仅仅是为了美观，更是为了获得最强的导电能力（图1-1）。

图 1-1　金属的导电性

3. 导热性

金属能够传导热量的性能称为导热性。当金属的一部分受热时，受热部分的自由电子能量增加，运动加剧，不断跟金属离子碰撞而交换能量，把热量从一部分传向整块金属，因而金属有良好的导热性。

通常把金属的导电性和导热性统称为金属的传导性。常见金属的传导性，由强到弱的顺序为：银、铜、金、铝、锌、铁、铂、锡、铅。日常生活中，铜、铁、铝来源丰富、价格便宜，所以被广泛应用于导线和热交换器的制造。

4. 延展性

金属的另外一个重要的物理性质就是延展性，金属能被拉成细丝或压成薄片。当金属受到外力作用时，金属晶体中排列整齐的各层金属原子（离子）可以做相对滑动。自由电子和金属离子的作用不会因滑动而破坏，这就是金属能够被展成薄片或抽成细丝的原因。在工业生产和日常生活中，金属的这一特性被广泛应用。

不同的金属，其延展性不同。铂是延性最好的金属，最细的铂丝直径只有 1/5000 mm；金是展性最好的金属，可以捶成比纸还薄的金箔，厚度仅有 1 cm 的五十万分之一。当然，也有少数金属的延展性较差，如锑、铋、锰等，受到敲打时就会破碎成小块。

5. 金属的密度、熔点、硬度

金属除汞外在常温下都是固体。不同的金属，其核电荷数、价电子层结构、原子半径以及金属键的强弱不同，使得金属的密度、熔点、硬度等性质差别很大。如汞的熔点为 $-38.9\ ℃$，而钨的熔点却高达 $3\ 410\ ℃$；铬的硬度很大而钠的硬度很小。根据金属密度、熔点和硬度的各异性质，其应用领域也各有不同。

二、金属的化学性质

金属元素的原子容易失去电子成为金属离子，因此金属单质体现出还原性。金属失去电子的反应可以用下式表示：

$$M - ne^- = M^{n+}$$

1. 金属与非金属反应

绝大多数金属都能与活泼的非金属如氧气、卤素单质、硫等反应,生成相应的金属氧化物、卤化物和硫化物等。例如:

$$2Cu + O_2 \xlongequal{\triangle} 2CuO$$
$$2Na + Cl_2 \xlongequal{\quad} 2NaCl$$
$$Hg + S \xlongequal{\quad} HgS$$

2. 金属与酸反应

金属可以与酸发生反应。在金属活动性顺序表中,通常排在氢前面的金属可以把氢从酸溶液中置换出来,形成氢气(图1-2)。例如:

$$Fe + 2HCl \xlongequal{\quad} FeCl_2 + H_2\uparrow$$
$$Zn + H_2SO_4 \xlongequal{\quad} ZnSO_4 + H_2\uparrow$$

但当金属遇到具有强氧化性的酸的时候,可能得不到氢气。金属活动性顺序表中,排在氢后面的金属通常不与弱氧化性的酸反应,但是可以与强氧化性的酸,如浓硫酸、浓硝酸、王水(硝酸和盐酸组成的混合物,混合体积比为1∶3)等反应。

$$Cu + 2H_2SO_4 \xlongequal{\triangle} CuSO_4 + SO_2\uparrow + 2H_2O$$
$$Au + HNO_3 + 4HCl \xlongequal{\quad} H[AuCl_4] + NO\uparrow + 2H_2O$$

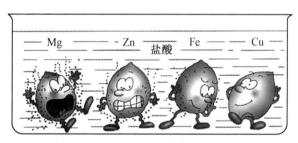

图1-2　金属与酸反应

3. 金属与盐溶液反应

在金属活动性顺序表中,排在前面的金属可以把后面的金属从它的盐溶液中置换出来。例如:

$$Fe + CuSO_4 \xlongequal{\quad} FeSO_4 + Cu$$

有金属参与的化学反应,金属原子通常失去电子被氧化,金属单质为还原剂。

思考与练习

一、选择题

1. 下列金属长期露置在空气中,最终生成物属于"氧化物"的是(　　)。
   A. Na 和 Al　　　　B. Cu 和 Au　　　　C. Mg 和 Al　　　　D. K 和 Fe
2. 关于金属性质及其形成原因的描述不正确的是(　　)。

A. 金属具有金属光泽是因为金属中的自由电子吸收了可见光,又把各种波长的光大部分反射出来

B. 金属具有良好的导电性是因为金属晶体中共享了金属原子的价电子,形成了"电子气",在外电场的作用下自由电子定向移动形成电流

C. 金属具有良好的导热性能是因为自由电子在受热后,加快了运动速率,自由电子通过与金属离子发生碰撞,传递能量

D. 金属晶体具有良好的延展性是因为金属晶体中的原子层可以通过破坏金属键以达到相对滑动

3. 金、银、铜常被作为钱币流通,从化学角度来看,主要是利用它们的( )。

    A. 硬度适中   B. 密度适中

    C. 在自然界都可得到纯净的单质   D. 不活泼性

4. 铜能够制成铜片或拉成铜丝,是因为铜具有良好的( )。

    A. 导热性   B. 导电性   C. 延展性   D. 金属活动性

5. 金属原子一般具有的结构特点是( )。

    A. 有金属光泽,能导电,有延展性   B. 最外层电子个数少,容易失去

    C. 熔点和沸点较低   D. 核外电子个数少,容易失去

6. 我国古代炼丹家魏伯阳所著的《周易参同契》是世界上现存最早的一部炼丹专著。书中描写道:"金入于猛火,色不夺精光。"这句话是指金在强热条件下( )。

    A. 活泼   B. 稳定   C. 易被氧化   D. 易被还原

二、简答题

7. 金属一般都有哪些性质?

8. 金属都可以和哪些类型的物质发生反应?

第二节 重要的金属及其化合物

一、铝及其化合物

铝元素在地壳中的含量仅次于氧和硅,居第三位。铝是地壳中含量最丰富的金属元素,质量约占整个地壳质量的8%。铝是生活、生产中用途最广泛的金属之一。

1. 铝(Al)

铝是一种银白色轻金属,密度 $2.70 \times 10^3 \text{ kg/m}^3$,熔点 660 ℃,沸点 2 327 ℃,有延性和展性。商品常制成棒状、片状、箔状、粉状、带状和丝状(图1-3)。

铝原子最外层有3个电子,在参加化学反

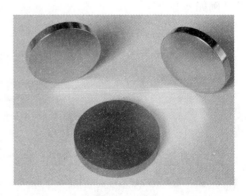

图1-3 铝

应时,容易失去最外层电子成为阳离子:

$$Al - 3e^- =\!=\!= Al^{3+}$$

铝易与稀硫酸、硝酸、盐酸、氢氧化钠和氢氧化钾溶液发生反应。

(1) 铝跟非金属反应

在常温下,铝容易与空气中的氧气作用,生成一层致密而坚固的氧化物薄膜,从而保护内部的铝不再继续氧化。因此铝制的器皿不宜用硬物擦洗,以免破坏表面氧化膜。

> **实验 1-1**
>
> 把一小块铝箔的一端固定在粗铁丝上,另一端裹一根火柴。点燃火柴,待火柴快燃尽时,立即把铝箔伸入盛有氧气的集气瓶中(集气瓶底部要放一些细沙,见图 1-4),观察现象。
>
>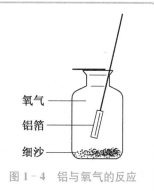
>
> 氧气
> 铝箔
> 细沙
>
> 图 1-4 铝与氧气的反应

实验表明,铝箔在氧气中猛烈燃烧,放出大量的热并发出眩目的白光。生成白色固体氧化铝(Al_2O_3)。

$$4Al + 3O_2 \xrightarrow{\text{点燃}} 2Al_2O_3$$

铝除了能和氧气发生反应外,在加热时还能跟其他非金属如硫、卤素等起反应。

(2) 铝跟酸反应

铝能跟稀盐酸或稀硫酸反应,反应的实质是铝与酸中氢离子反应,氢离子被还原成氢气。

$$2Al + 6H^+ =\!=\!= 2Al^{3+} + 3H_2 \uparrow$$

在常温下,铝遇到浓硫酸或浓硝酸,铝表面会被钝化,生成坚固的氧化膜,可阻止反应继续进行。因此,人们常用铝制的容器装运浓硫酸和浓硝酸。

(3) 铝跟碱反应

很多金属能够跟酸反应,但却不能跟碱反应,铝能不能跟碱反应呢?

> **实验 1-2**
>
> 在两支试管里分别加入 10 mL 浓氢氧化钠(NaOH)溶液,然后各放入一小段铝条和镁条。过一段时间后,用燃着的木条分别放在两试管口,观察现象,并填写下表:
>
> 表 1-1 铝、镁与氢氧化钠的实验对比
>
> | 对象 | 现象 | 结果分析 |
> |------|------|----------|
> | 铝条 | | |
> | 镁条 | | |

由实验可知，镁不能跟氢氧化钠溶液反应，但铝能反应，并放出一种可燃性的气体氢气，同时生成了偏铝酸钠（$NaAlO_2$），反应方程式为：

$$2Al + 2H_2O + 2NaOH == 2NaAlO_2 + 3H_2\uparrow$$

由于酸碱盐等可直接腐蚀铝制品，因此铝制餐具不宜用来蒸煮或长时间存放酸性、碱性和咸的食物。

2. 氧化铝（Al_2O_3）

氧化铝是一种不溶于水的白色粉末（图 1-5）。氧化铝是典型的两性氧化物，不溶于水，既可以和酸反应生成铝盐，又能跟碱反应生成偏铝酸盐。

$$Al_2O_3 + 6HCl == 2AlCl_3 + 3H_2O$$

天然存在的氧化铝晶体俗称刚玉。红宝石、蓝宝石的主要成分均为氧化铝。因为其含杂质的不同而呈现不同的色泽，无色透明者称白玉；

图 1-5　氧化铝

含微量三价铬的显红色，称红宝石；含二价铁、三价铁或四价钛的显蓝色，称蓝宝石。高温烧结的氧化铝，称人造刚玉或人造宝石，可制机械轴承或钟表中的钻石。氧化铝也用作高温耐火材料，制耐火砖、坩埚、瓷器等。

3. 氢氧化铝 [$Al(OH)_3$]

氢氧化铝（图 1-6）是几乎不溶于水的白色胶状物质。

实验 1-3

把实验制得的氢氧化铝分装在 2 支试管中，向一支试管中滴加 2 mol/L 的盐酸（HCl），向另一支试管中滴加 2 mol/L 的氢氧化钠（NaOH）溶液，观察现象。

图 1-6　氢氧化铝

实验中可以看到，2 支试管中氢氧化铝沉淀均消失了，相关反应可表示如下：

$$Al(OH)_3 + 3HCl == AlCl_3 + 3H_2O$$

$$Al(OH)_3 + NaOH == NaAlO_2 + 2H_2O$$

氢氧化铝在酸或强碱溶液中都能够溶解，说明它既能跟酸反应，又能跟强碱溶液反应。可见，氢氧化铝是典型的两性氢氧化物。如何制取氢氧化铝呢？

实验 1-4

在试管中加入 10 mL 0.5 mol/L 硫酸铝[$Al_2(SO_4)_3$]溶液,然后滴加氨水($NH_3 \cdot H_2O$),可生成白色胶状氢氧化铝[$Al(OH)_3$]沉淀。继续滴加氨水,直至不再产生更多沉淀为止。

上述反应可表示如下:

$$Al_2(SO_4)_3 + 6NH_3 \cdot H_2O == 2Al(OH)_3\downarrow + 3(NH_4)_2SO_4$$

氢氧化铝加热时不稳定,可分解成氧化铝。

$$2Al(OH)_3 \xrightarrow{\triangle} Al_2O_3 + 3H_2O$$

4. 明矾(十二水合硫酸铝钾)[$KAl(SO_4)_2 \cdot 12H_2O$]

明矾又称白矾、钾矾、钾铝矾、钾明矾,是含有结晶水的硫酸钾和硫酸铝的复盐(图 1-7)。复盐是由两种或两种以上的简单盐类组成的晶形化合物,在溶液中能电离为简单盐的离子。

明矾净水是过去民间经常采用的方法,其原理是明矾在水中可以电离出金属离子:

$$KAl(SO_4)_2 \cdot 12H_2O == K^+ + Al^{3+} + 2SO_4^{2-} + 12H_2O$$

图 1-7 明矾

而 Al^{3+} 很容易水解,生成胶状的氢氧化铝 $Al(OH)_3$。氢氧化铝胶体的吸附能力很强,从而可吸附水里悬浮的杂质,并形成沉淀,达到使水澄清的目的。

$$Al^{3+} + 3H_2O == Al(OH)_3(胶体) + 3H^+$$

明矾有抗菌作用、收敛作用等,可作中药。明矾还可用于制备铝盐、发酵粉、油漆、鞣料、澄清剂、媒染剂、防水剂及造纸等。

二、铁及其化合物

铁是地球上分布最广的金属之一,约占地壳质量的 4.75%,含量仅次于氧、硅和铝,居第四位。

在自然界中,游离态的铁只能从陨石中找到,分布在地壳中的铁都以化合物的状态存在。铁的主要矿石有:赤铁矿(Fe_2O_3),含铁量在 50%～60% 之间;磁铁矿(Fe_3O_4),含铁量 60% 以上,有亚铁磁性;此外还有褐铁矿($Fe_2O_3 \cdot nH_2O$)、菱铁矿($FeCO_3$)和黄铁矿(FeS_2),它们的含铁量低一些,但比较容易冶炼。图 1-8 呈现几种铁矿石。中国的铁矿资源非常丰富,著名的产地有湖北大冶、东北鞍山等。

图 1-8 铁矿石

1. 铁

中国是发现和掌握炼铁技术最早的国家之一（图1-9）。1973年，中国河北省出土了一件商代铁刃青铜钺，表明中国劳动人民早在3 300多年以前就认识了铁，熟悉了铁的锻造性能，识别了铁与青铜在性质上的差别，并把铁铸在铜兵器的刃部以加强其坚韧性。青铜熔炼技术的成熟，逐渐为铁的冶炼技术的发展创造了条件。钢铁工业是国家工业的基础，1996年，我国钢产量超过了1亿吨，跃居世界首位。铁是生活中最常用的金属。人体中也含有铁元素。

图 1-9 古代的铁器

铁位于元素周期表中的第四周期第Ⅷ族，它属于过渡元素。铁原子最外层电子层只有2个电子，在化学反应中容易失去这2个电子，变为亚铁离子。

$$Fe - 2e^- \Longrightarrow Fe^{2+}$$

铁原子也能失去3个电子，生成带3个单位正电荷的铁离子。

$$Fe - 3e^- \Longrightarrow Fe^{3+}$$

因此，铁具有变价，通常显+2价或+3价。

铁的化学性质比较活泼，它能与许多物质发生化学反应。例如，它能与氧气及某些非金属单质反应，与水、酸、盐溶液反应。

（1）铁跟非金属的反应

灼热的铁丝在氧气里燃烧，生成黑色的四氧化三铁（Fe_3O_4）。铁在潮湿的空气中，会与氧气反应生成铁锈——三氧化二铁（Fe_2O_3）。

$$3Fe + 2O_2 \xrightarrow{\text{点燃}} Fe_3O_4$$
$$4Fe + 3O_2 \xrightarrow{} 2Fe_2O_3$$

铁能跟其他非金属反应吗?

实验 1-5

把烧得红热的螺旋状细铁丝伸到盛有氯气(Cl_2)的集气瓶中,观察现象。再把少量水注入集气瓶中,振荡,观察溶液的颜色。

可以观察到,铁丝在氯气中燃烧,冒出棕黄色的烟,这是三氯化铁($FeCl_3$)的小颗粒。加水振荡后,生成黄色溶液(图 1-10)。

$$2Fe + 3Cl_2 \xrightarrow{\text{点燃}} 2FeCl_3$$

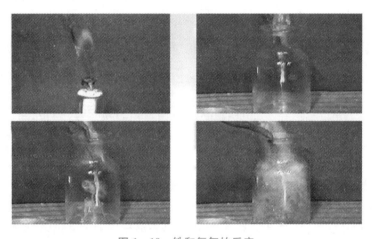

图 1-10　铁和氯气的反应

此外,在加热时,铁(Fe)还能与非金属单质硫(S)起反应,生成硫化亚铁(FeS)。

$$Fe + S \xrightarrow{\triangle} FeS$$

铁与上述两种物质发生反应时,化合价的变化不同。在铁与氯气的反应里,铁原子失去 3 个电子变成 +3 价的铁。铁跟硫的反应,铁原子失去 2 个电子变成 +2 价的铁。这说明,在氯气、硫这两种物质中,氯气夺电子能力强,它的氧化性强,硫的氧化性相对较弱。

(2) 铁跟水的反应

在常温下,铁与水不反应。红热的铁(570 ℃以上)能跟水蒸气发生反应,生成四氧化三铁和氢气。

$$3Fe + 4H_2O \xrightarrow{\text{高温}} Fe_3O_4 + 4H_2 \uparrow$$

(3) 铁跟酸的反应

铁与稀盐酸(HCl)、稀硫酸反应时,铁被氧化为 +2 价的铁离子,酸中的氢离子被还原成氢气。

$$Fe + 2HCl = FeCl_2 + H_2 \uparrow$$

但在常温下,铁遇到浓硫酸、浓硝酸时,则发生钝化,生成致密氧化物薄膜,这层薄膜可以阻止内部金属进一步被氧化。

（4）铁跟盐溶液的反应

铁与比它活动性弱的金属的盐溶液反应时，能置换出这种金属。例如，铁与硫酸铜溶液反应（我国古代湿法冶铜的原理），有红色铜单质析出，溶液逐渐由蓝色变为浅绿色。反应原理如下：

$$Fe + Cu^{2+} == Fe^{2+} + Cu$$

2. 铁的氧化物

铁的氧化物有氧化亚铁、氧化铁和四氧化三铁等，性质如表1-2所列。

表1-2　三种铁的氧化物比较

名称	氧化亚铁	氧化铁	四氧化三铁
俗称	无	铁锈、铁红	磁性氧化铁
化学式	FeO	Fe_2O_3	Fe_3O_4
颜色、状态	黑色粉末	红棕色粉末	黑色晶体
铁的价态	+2	+3	+2、+3
水溶性	不溶	不溶	不溶
用途	可用作色素，在化妆品和刺青墨水中有应用，也用于瓷器制作中使釉呈绿色。	在各类混凝土预制件和建筑制品材料中作为颜料或着色剂。	常用的磁性材料。特制的纯净四氧化三铁可作录音带和电讯器材原材料。

氧化亚铁和氧化铁可以与酸反应，分别生成亚铁盐和铁盐。

$$FeO + 2H^+ == Fe^{2+} + H_2O$$
$$Fe_2O_3 + 6H^+ == 2Fe^{3+} + 3H_2O（生活中用醋酸除铁锈原理）$$

3. 铁的氢氧化物

氢氧化亚铁$[Fe(OH)_2]$和氢氧化铁$[Fe(OH)_3]$都是难溶于水的弱碱，可用相应的可溶性盐与碱溶液反应制得。

实验1-6

在试管里滴入少量氯化铁溶液，再逐滴滴入氢氧化钠溶液，观察现象。

可以看到，溶液里立即生成了红褐色的氢氧化铁沉淀。

$$Fe^{3+} + 3OH^- == Fe(OH)_3\downarrow$$

实验1-7

在试管里注入少量新制备的硫酸亚铁（$FeSO_4$）溶液，用胶头滴管吸取氢氧化钠溶液，将滴管尖端插入试管里的溶液底部，慢慢挤出氢氧化钠溶液，观察现象。

通过实验可以看到，加入氢氧化钠溶液后，开始时析出一种白色絮状沉淀，这是氢氧化亚铁。

$$Fe^{2+} + 2OH^- = Fe(OH)_2 \downarrow$$

生成的白色沉淀迅速变成灰绿色,最后变成红褐色。这是因为白色的氢氧化亚铁被空气中的氧气氧化成了红褐色的氢氧化铁。

$$4Fe(OH)_2 + O_2 + 2H_2O = 4Fe(OH)_3$$

氢氧化亚铁和氢氧化铁都能与酸反应,分别生成亚铁盐和铁盐。

$$Fe(OH)_2 + 2H^+ = Fe^{2+} + 2H_2O$$
$$Fe(OH)_3 + 3H^+ = Fe^{3+} + 3H_2O$$

思考与练习

一、填空题

1. 铝位于元素周期表第_____周期、第_____族,原子最外层有____个电子,在化学反应中容易_____电子。

2. 氧化铝和氢氧化铝既可以与_____反应,又可以与_____反应,氧化铝是典型的_____氧化物,氢氧化铝是典型的_____氢氧化物。

3. 铁位于元素周期表第_____周期、第_____族,原子最外层有_____个电子,铁原子在化学反应中容易失_____个电子而变成亚铁离子,如果失去_____个电子则变成铁离子。铁是化学性质比较_____的金属。

二、选择题

4. 下列物质中既可以与酸反应又可以与碱反应的是( )。
   A. Mg   B. Zn   C. Al   D. Fe

5. 铁锈的主要成分为( )。
   A. ZnO   B. FeO   C. Fe_2O_3 D. Fe_3O_4

6. 下列关于铁的叙述中,正确的是( )。
   A. 纯铁更易生锈
   B. 铁在高温密闭条件下氧化生成四氧化三铁
   C. 铁是地壳中含量最多的金属元素
   D. 铁在高温下与水蒸气反应生成氢气和四氧化三铁

7. 有关铝及其化合物的说法中错误的是( )。
   A. 用于熔化烧碱的坩埚,可用 Al_2O_3 这种材料制成
   B. 铝能在空气中稳定存在是因为其表面覆盖着一层氧化铝薄膜
   C. 氧化铝是一种难熔物质,是一种较好的耐火材料
   D. 氢氧化铝能中和胃酸,可用于制胃药

8. 下列关于铁的化合物的颜色描述不正确的是( )。
   A. FeO 是黑色粉末   B. Fe_2O_3 是红棕色粉末
   C. $FeCl_3$ 溶液是黄棕色   D. $FeCl_2$ 溶液是红色

9. 在空气中能生成致密氧化膜保护金属本身不再被腐蚀的是( )。

    A．金   B．铁   C．铝   D．钠

10. 硫酸亚铁溶液含有杂质硫酸铜和硫酸铁，为除去杂质，提纯硫酸亚铁，应该加入下列哪种物质（　　）。

    A．锌粉   B．镁粉   C．铁粉   D．铝粉

11. 实验室需要将 $AlCl_3$ 溶液中的 Al^{3+} 全部沉淀出来，适宜用的试剂是（　　）。

    A．$NaOH$ 溶液   B．$Ba(OH)_2$ 溶液   C．盐酸   D．氨水

三、简答题

12. 为什么我们可以采用铁、铝等金属在常温下盛放浓硝酸？

13. 配制及保存 $FeSO_4$ 溶液时，需注意什么？

14. 请写出日常生活中除去铁锈的方法（至少三种），并写出相关反应的化学方程式。

四、综合题

15. 铁及其重要化合物之间的转化关系如下，请写出有关编号的化学方程式。

$$Fe_3O_4 \xleftarrow{①} Fe \xrightarrow{③} FeCl_2 \underset{⑤}{\overset{④}{\rightleftarrows}} Fe(OH)_2 \xrightarrow{⑥} Fe(OH)_3 \underset{⑧}{\overset{⑦}{\rightleftarrows}} FeCl_3$$

（②连接 Fe 至 $FeCl_3$，⑨连接 $FeCl_2$ 至 $FeCl_3$，⑩连接 Fe 至 $FeCl_3$）

16. 请设计检验 Fe^{2+} 和 Fe^{3+} 的实验方案。

第三节　常见的合金材料

    我们常将两种或两种以上的金属（或金属与非金属）熔合（物理变化）而成的具有金属特性的物质叫作合金。中国是世界上最早研究和生产合金的国家之一，在距今 3 000 多年前的商朝，当时的青铜（铜锡合金）工艺就已非常发达。那么合金有着怎样的性质？

一、合金的性质

    合金的性质与加入合金中各成分的种类、数量以及合金本身的结构有关。一般地讲，除密度外，合金的性质并不是各组成金属性质简单的总和。各类型合金往往表现出以下通性：

    （1）多数合金熔点低于其组分中任一种组成金属的熔点。

    （2）硬度一般比其组分中任一金属的硬度大。

    （3）合金的导电性和导热性低于任一组分金属。利用合金的这一特性，可以制造高电阻和高热阻材料。

二、常见的合金材料

1. 钢

    钢是以铁、碳为主要成分的合金，它的含碳量一般小于 2.11%（图 1 - 11）。钢按化学

成分分为碳素钢(简称碳钢)与合金钢两
大类。

碳素钢:按含碳量又可分为低碳钢
(含碳量≤0.25%);中碳钢(0.25%<含
碳量<0.6%);高碳钢(含碳量≥0.6%)。

合金钢:按合金元素含量又可分为
低合金钢(合金元素总含量≤5%);中合
金钢(5%<合金元素总含量<10%);高
合金钢(合金元素总含量≥10%)。此
外,根据钢中所含主要合金元素种类不
同,也可分为锰钢、铬钢、铬镍钢、铬锰钛
钢等。

图 1-11 钢铁

生活中的不锈钢,是指耐空气、蒸汽、水等弱腐蚀介质和酸、碱、盐等化学浸蚀性介质
腐蚀的钢,又称不锈耐酸钢,其具有良好的耐腐蚀性能和较高的硬度。常见的 304 不锈钢
中,含 18%铬和 8%镍。

2. 铝合金

铝合金是工业中应用最广泛的一类有色
金属结构材料,在航空、航天、汽车、机械制造、
船舶及化学工业中已大量应用(图 1-12)。

纯铝的密度小($\rho=2.7\times10^3$ kg/m³),大
约是铁的 1/3,熔点低(660 ℃),具有很高的塑
性,易于加工,可制成各种型材、板材。抗腐蚀
性能好。但是纯铝的强度很低,故不宜作结构
材料。通过长期的生产实践和科学实验,人们
逐渐以加入合金元素及运用热处理等方法来
强化铝,这就得到了一系列的铝合金。添加一

图 1-12 铝合金

定元素形成的铝合金在保持纯铝质轻等优点的同时还具有较高的强度,广泛用于运输机
械、动力机械及航空工业等方面,飞机的机身、蒙皮、压气机等常以铝合金制造,以减轻自
重。采用铝合金代替钢板材料,结构重量可减轻 50%以上。

铝合金密度低,但强度比较高,接近或超过优质钢,塑性好,可加工成各种型材,具有
优良的导电性、导热性和抗蚀性,工业上广泛被使用,使用量仅次于钢。

铝合金分两大类:铸造铝合金,在铸态下使用;变形铝合金,能承受压力加工。可加工
成各种形态、规格的铝合金材料。主要用于制造航空器材、建筑用门窗等。

3. 钛合金

钛合金是 20 世纪 50 年代发展起来的一种重要的结构金属(图 1-13)。钛合金因具
有强度高、耐蚀性好、耐热性高等特点而被广泛用于各个领域。世界上许多国家都认识到
钛合金材料的重要性,相继对其进行研究开发,并得到了实际应用。目前,世界上已研制

出的钛合金有数百种。

第一个实用的钛合金是 1954 年美国研制成功的 Ti－6Al－4V 合金，由于它的耐热性、强度、塑性、韧性、成形性、可焊性、耐蚀性和生物相容性均较好，而成为钛合金工业中的王牌合金，该合金使用量已占全部钛合金的 75%～85%。其他许多钛合金都可以看作是 Ti－6Al－4V 合金的改型。

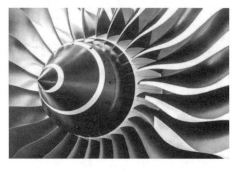

图 1－13　钛合金

20 世纪 50～60 年代，主要发展航空发动机用的高温钛合金和机体用的结构钛合金；80 年代以来，耐蚀钛合金和高强钛合金得到进一步发展；90 年代，耐热钛合金的使用温度提高到 600～650 ℃，结构钛合金向高强、高塑、高强高韧、高模量和高损伤容限方向发展。

另外，还出现了 Ti－Ni、Ti－Ni－Fe、Ti－Ni－Nb 等形状记忆合金，并在工程上获得日益广泛的应用。

4. 镁合金

镁合金是以镁为基础加入其他元素组成的合金（图 1－14）。其特点是：密度小（1.8×10^3 kg/m³ 左右），比强度高，弹性模量大，消震性好，承受冲击载荷能力比铝合金大，耐有机物和碱的腐蚀性能好。主要合金元素有铝、锌、锰、铈、钍以及少量锆或镉等。目前使用最广的是镁铝合金，其次是镁锰合金和镁锌锆合金。主要用于航空、航天、运输、化工、火箭等工业部门。在实用金属中

图 1－14　镁合金

是最轻的金属，镁的比重大约是铝的 2/3，是铁的 1/4。具有高强度、高刚性。

5. 铜类金属

黄铜是由铜和锌组成的合金。黄铜常被用于制造阀门、水管、空调内外机连接管和散热器等。

图 1－15　铜类合金

白铜,以镍为主要添加元素的铜基合金,呈银白色,有金属光泽。当把镍熔入铜里,含量超过 16％时,产生的合金色泽就变得洁白如银,镍含量越高,颜色越白。白铜中镍的含量一般为 25％左右。

青铜原指铜锡合金,除黄铜、白铜以外的铜合金均称青铜,并常在青铜名字前冠以第一主要添加元素的名称。

锡青铜的铸造性能、减摩性能和机械性能好,适于制造轴承、涡轮、齿轮等。

铅青铜是现代发动机和磨床广泛使用的轴承材料。

铝青铜强度高,耐磨性和耐蚀性好,用于铸造高载荷的齿轮、轴套、船用螺旋桨等。

铍青铜和磷青铜的弹性极限高,导电性好,适于制造精密弹簧和电接触元件,铍青铜还用来制造煤矿、油库等使用的无火花工具。

思考与练习

选择题

1. 下列关于合金的叙述正确的是(　　)。
   A. 合金一定是金属单质而不是化合物
   B. 合金的所有性质和性能都比纯金属好
   C. 合金也是金属材料
   D. 合金是在金属中加热熔合某些金属而成的

2. 利用铝合金代替铝制钥匙是利用铝合金的(　　)。
   A. 熔点低　　　　　B. 不易锈蚀　　　　C. 硬度大　　　　　D. 密度小

3. 下列关于钢的说法错误的是(　　)。
   A. 钢是一种铁合金　　　　　　　　B. 钢的许多性能优于生铁
   C. 钢的含碳量高于生铁　　　　　　D. 钢是一种混合物

4. 青铜是人类最早使用的铜锡合金,下列说法中不正确的是(　　)。
   A. 青铜属于纯净物　　　　　　　　B. 青铜属于金属材料
   C. 青铜的硬度比铜大　　　　　　　D. 青铜耐腐蚀,易铸造成形

5. 金属、金属材料的性质在很大程度上决定了它们的用途。下列说法中不正确的是(　　)。
   A. 不锈钢抗腐蚀性能好,常用于制造医疗器械
   B. 铁具有良好的导热性,可用于制造炊具
   C. 铝合金轻而坚韧,可作汽车、飞机和火箭的材料
   D. 铅锑合金的熔点较低、电阻率较大,常用于制成发热体

6. 用于飞机制造业的重要材料是(　　)。
   A. Mg－Al 合金　　　　　　　　　B. Cu－Sn 合金
   C. Al－Si 合金　　　　　　　　　　D. 不锈钢

本章小结

一、金属的通性

多数金属存在共同的物理性质，如有金属光泽、延展性、导电导热性等。

金属元素的原子容易失去最外层电子成为金属阳离子，因此金属单质往往具有还原性。

$$M - ne^- == M^{n+}$$

金属的化学性质表现在能跟氧气或其他非金属、水、酸、盐发生反应。

二、重要的金属及其化合物

1. 铝及其重要化合物

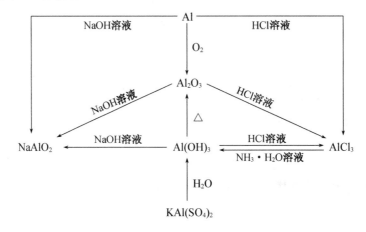

2. 铁及其重要化合物

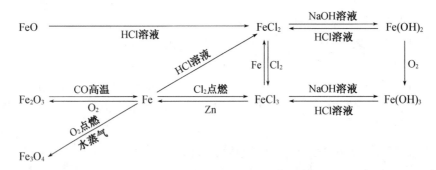

三、合金材料

两种或两种以上的金属（或金属与非金属）熔合（物理变化）而成的具有金属特性的物质叫作合金。

合金的性质并不是各组成金属性质简单的总和。

章节测试

一、填空题

1. 在氯化铝溶液中滴加少量氢氧化钠溶液,现象为_____,继续加入过量的氢氧化钠溶液,现象为_____,化学方程式为_____
_____。

2. 用一种试剂鉴别氯化钠（NaCl）、氯化铝（$AlCl_3$）、氯化亚铁（$FeCl_2$）、氯化铜溶液（$CuCl_2$）,这种试剂是_____。填写下表:

溶液	现象	化学方程式
NaCl		
$AlCl_3$		
$FeCl_2$		
$CuCl_2$		

二、选择题

3. 地壳中含量最多的前两位金属元素是（　　）。
   A. Al,Fe　　　　B. Na,K　　　　C. Mg,Zn　　　　D. Ca,Cu

4. 下列不属于金属物理通性的是（　　）。
   A. 导电性　　　B. 导热性　　　C. 银白色光泽　　　D. 延展性

5. 下列水溶液中,加稀硫酸或氯化铝溶液时均有白色沉淀生成的是（　　）。
   A. $BaCl_2$　　　B. $Ba(OH)_2$　　　C. Na_2CO_3　　　D. KOH

6. 下列说法错误的是（　　）。
   A. 金属材料包括纯金属和它们的合金
   B. 金属在常温下大多是固态
   C. 物质的用途完全由其性质决定,与其他因素无关
   D. 合金是金属与金属或金属与非金属熔合在一起制成的

7. 下列物质中不能与氢氧化钠反应的是（　　）。
   A. 碳酸钠　　　B. 碳酸氢钠　　　C. 氢氧化铝　　　D. 氯化铁

8. 下列物质中,常温下能用铝容器贮存的是（　　）。
   ① 稀硫酸　② 浓硫酸　③ 稀盐酸　④ 浓盐酸　⑤ 浓硝酸　⑥ 氢氧化钠溶液
   ⑦ 氢氧化钾溶液
   A. ②③④　　　B. ①⑥⑦　　　C. ②⑤　　　D. ③⑤⑥

9. 将铁屑溶于过量盐酸后,再加入下列物质,会有三价铁生成的是（　　）。
   A. 硫酸　　　B. 硫酸铜　　　C. 氯水　　　D. 氯化铜

10. 下列化合物能由金属与酸发生置换反应直接制取的是（　　）。
    A. $FeCl_3$　　　B. $ZnCl_2$　　　C. $CuCl_2$　　　D. $CuSO_4$

11. 下列有关合金的叙述,正确的是（　　）。

① 合金中至少含有两种金属　② 合金中的元素以化合物形式存在　③ 合金中一定含有金属　④ 合金一定是混合物　⑤ 生铁是含杂质较多的铁合金　⑥ 合金的强度和硬度一般比组成它们的纯金属更高,抗腐蚀性能等也更好。

    A. ①②③④⑤　　　　B. ①②　　　　　C. ①③④⑥　　　　D. ③④⑤⑥

12. 下列关于铁及其化合物的叙述中,错误的是(　　　)。

    A. 金属铁可以被磁铁吸引　　　　　　B. 三氧化二铁具有氧化性

    C. 铁丝在氯气中燃烧生成 $FeCl_2$　　　D. 常温下铁片遇浓硫酸发生钝化

13. 镁铝合金质优体轻,又不易锈蚀,被大量用于航空工业、造船工业、日用化工等领域。下列关于镁铝合金性质的叙述中,正确的是(　　　)。

    A. 此合金的熔点比镁和铝的熔点都高

    B. 此合金能全部溶解于稀盐酸中

    C. 此合金能全部溶解于氢氧化钠溶液中

    D. 此合金的硬度比镁和铝的硬度都小

三、综合题

14. 让我们和小亮一起走进化学实验室,共同来学习科学探究的方法。

小亮在实验室用一小块生铁与稀盐酸反应,观察到生铁表面出现_____,同时发现反应后的液体中有少量黑色不溶物。

提出问题:这种黑色不溶物是什么呢?

猜与假设:这种黑色不溶物中可能含碳。

设计方案:将黑色固体灼烧,如果黑色固体中含有碳,就会有_____气体生成,要想进一步确定这种气体,可以用_____来检验。

进行实验:小亮按设计方案进行实验,得到了预想的结果。

解释与结论:由此小亮得出的结论是:(1) 生铁中_____碳(填"含"或"不含");(2) 碳与稀盐酸_____反应(填"能"或"不能"),铁与稀盐酸_____反应(填"能"或"不能")。

15. 试用化学方程式表示下列反应。

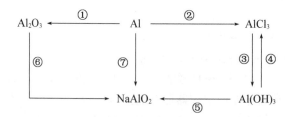

16. 检验 Fe^{2+} 和 Fe^{3+} 的方法有哪些?

四、计算题

17. 标准状况下,将 4.48 g 金属铁与足量的稀硫酸充分反应,可生成氢气多少毫升?

18. 将 5.1 g 镁和铝投入 500 mL,2 mol/L 的盐酸中,生成氢气 0.5 g,金属完全溶解。再加入 4 mol/L 的 NaOH 溶液。

(1) 若要使生成的沉淀最多,则应该加入的 NaOH 溶液的体积是多少?

(2) 生成沉淀的质量最多是多少?

第二章 常见的非金属元素

章首语 ▶

非金属元素及其重要化合物在我们生产生活中具有重要意义。在这一章节中,我们对常见的非金属元素及其化合物展开学习。如碳是一切有机物质的基本组成元素;硅是现代电子工业发展的基础材料;氮是大气的基本成分,也是蛋白质和核酸的组成元素。

知识树 ▶

常见的非金属
- 碳及其化合物
  - C、C$_{60}$
  - CO、CO$_2$
- 硅及其化合物
  - Si
  - SiO$_2$
- 氮及其化合物
  - N$_2$
  - NO、NO$_2$
- 硫及其化合物
  - S
  - SO$_2$、SO$_3$

第一节 碳及其化合物

元素周期表中第ⅣA族的元素包括碳(C)、硅(Si)、锗(Ge)、锡(Sn)、铅(Pb)5种。它们原子的最外层都有 4 个电子,常见的价态为＋4 价和＋2 价。碳族元素随着原子核外电子层数增加,呈由非金属向金属递变的趋势。碳是典型的非金属;晶体硅有金属光泽,但在化学反应中多呈非金属性;锗的金属性比非金属性强;而锡和铅都是金属。

一、碳单质

根据自然界中碳单质的微观结构来分,有以下两大类:

一类是晶形碳(简称晶碳),其微观结构中碳原子是按照一定规律排列成有序的晶体形式,包括金刚石、石墨、C$_{60}$等(图 2-1)。

自然界中,金刚石以矿藏形式深埋地下,含量极少。纯净的金刚石是无色透明、闪光的晶体,含有杂质的金刚石会呈现各种颜色,经过打磨可以成为璀璨夺目的各色钻石。它是天然存在的最硬的物质,可以用来切割加工钢铁、玻璃等坚硬的物质,还可以用作钻头、刀具和轴承等耐磨器具。

石墨是深灰色、具有金属光泽的细鳞片状晶体,质软,有滑腻感,在工业上常用作固体润滑剂。因其具有良好的导电和导热性、熔点高、耐酸碱等特点,还常常用作电极、制造耐高温材料、铅笔芯等。

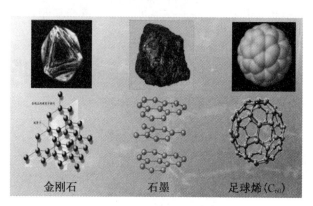

图 2-1　典型的三种晶形碳

1985 年,英国化学家哈罗德·沃特尔·克罗托和美国科学家理查德·埃里特·史茉莱等人在氦气流中以激光汽化蒸发石墨实验中首次制得由 60 个碳组成的碳原子簇结构分子 C_{60}。C_{60} 和以 C_{60} 为代表的富勒烯构成了碳的第四种稳定的新形态。C_{60} 分子由 60 个碳原子构成,为 20 个正六边形和 12 个正五边形构成的 32 面的空心球体,又称为"球碳""足球烯"或"富勒烯",C_{60} 的准确名称应为富勒烯-60。以后还发现了 C_{44}、C_{50}、C_{76}、C_{80}、C_{120} 等纯碳组成的分子的存在,它们均属于富勒烯家族。

纯净的 C_{60} 是褐色晶状固体,不导电,微溶于常用的有机溶剂如苯、二硫化碳中。在一个大气压下,C_{60} 固体在 400 ℃时开始升华,到 450 ℃开始燃烧。其熔点、硬度相对金刚石与石墨较低。

由于 C_{60} 是形似足球的空心球体,利用物理或化学方法对 C_{60} 进行修饰时,既可在笼内"植入"其他原子,又可在笼外嫁接别的原子或原子团,形成各类衍生物。如将钾、铷、铯掺杂于 C_{60} 中,可得到超导体;用 C_{60} 合成的 $C_{60}F_{60}$ 俗称"特福隆",可作为"分子滚珠"和"分子润滑剂"在高技术发展中起重要作用。此外,C_{60} 可用作催化剂、制作新型光学材料,并且还具有癌细胞杀伤效应和其他医疗特效。

表 2-1　金刚石、石墨、C_{60} 结构与性质比较

		石墨	金刚石	C_{60}
碳原子排列成的形状		六边形	正八面体	足球结构
空间延伸方向		单层延伸	空间延伸	
碳原子间作用力		碳原子之间相互作用力强,层层之间较弱	碳原子之间相互作用力强,骨架坚固	碳原子之间相互作用力强
物理性质推测与比较	外观	深灰色、不透明	无色透明,正八面体形状的固体	形状似足球的固体
	导电性	有良好的导电性	不导电	几乎不导电
	硬度	质软	最硬	质脆

另一类是无定形碳，其微观结构中的碳原子排列方式无规则，呈现一种无序的无定形形式，如木炭、焦炭、炭黑和活性炭(图2-2)等。

无定形碳实际上也具有类似石墨的精细结构，只是晶粒较小且呈不规则性堆积。木炭、活性炭等因具有疏松多孔的结构而具有吸附作用，可以吸附一些气体和微粒。其中活性炭吸附能力极强，可用于防毒面具制作、空气和水净化等。炭黑主要用于制作墨水，以及橡胶的补强剂和填料等。焦炭和木炭还可用于冶金。

图2-2　活性炭

像金刚石、石墨、C_{60}、无定形碳等由同一元素组成的、性质不同的几种单质，叫作该元素的同素异形体。除此之外，红磷和白磷都是磷的同素异形体，氧气和臭氧都是氧的同素异形体。

二、碳的化合物

1. 二氧化碳(CO_2)

通常情况下，二氧化碳是无色无味气体，密度比空气大，能溶于水。固态二氧化碳俗称干冰，易升华吸热。二氧化碳不燃烧也不支持燃烧，且能与水反应生成碳酸。

在地球大气中的二氧化碳、甲烷、氧化亚氮等微量气体，可以让太阳短波辐射自由通过(吸收极少)，而对地表的长波辐射有强烈吸收作用，使大气的温度升高，这种现象称为温室效应(图2-3)。这些气体都称为温室气体。大气中少量温室气体的存在和适当的温室效应对人类是有益的，如果没有二氧化碳，地表温度可能是零下20 ℃左右。但是，二氧化碳含量逐渐增加，会为人类生存环境带来灾难。

为什么大气中的CO_2含量会逐渐上升？自然界中各物质通过循环达到平衡，从而形成

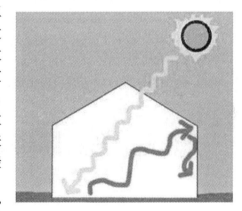

图2-3　温室效应示意图

了一个完整的系统。碳的循环是其中的重要组成部分，而它主要是通过二氧化碳来进行的。碳的循环可分为三种形式：第一种是植物经光合作用将大气中的二氧化碳和水化合生成碳水化合物(糖类)，在植物呼吸中又以二氧化碳的形式返回大气中被植物再度利用；第二种是植物被动物采食后，糖类被动物吸收，在体内氧化生成二氧化碳，并通过动物呼吸释放回大气中又可被植物利用；第三种是煤、石油和天然气等燃烧时，生成二氧化碳，排放到大气中重新进入生态系统的碳循环。

碳排放，是人类生产经营活动过程中向外界排放温室气体的过程。人类的生产活动，如工业快速发展、人口增加、城市过度建设、森林砍伐等因素，导致碳循环失衡，使CO_2的含量不断升高。温室气体的增加使地球温度上升，将会带来一系列环境灾难，如海平面上升，导致陆地淹没；地球上病虫害增加；气候反常，海洋风暴增多；土地沙漠化面积增大等。

碳排放目前被认为是导致全球变暖的主要原因之一。

企业、团体或个人在一定时间内直接或间接产生的二氧化碳排放总量，通过植树造林、节能减排等形式，抵消自身产生的二氧化碳排放量，实现二氧化碳"零排放"，称为碳中和。近年来，各国政府对温室效应关注度大大提高，并着手减少二氧化碳等温室气体的排放，如提高能源利用率、开发新型洁净能源和大量植树造林等。

从广义上讲，某一个时点，二氧化碳的排放不再增长达到峰值，之后逐步回落，称为碳达峰。目前，二氧化碳的减排已是全世界人民共同关注的问题。中国将力争于 2030 年前实现二氧化碳排放达到峰值，2060 年前实现碳中和，这意味着中国作为世界上最大的发展中国家，将完成全球最高碳排放强度降幅，用全球历史上最短的时间实现从碳达峰到碳中和。

2. 碳酸盐和碳酸氢盐

含有 CO_3^{2-} 的盐称为碳酸盐，如 Na_2CO_3、$CaCO_3$；含有 HCO_3^- 的盐称为碳酸氢盐，如 $NaHCO_3$、$Ca(HCO_3)_2$。碳酸盐和碳酸氢盐是典型的含碳化合物。

碳酸钠（Na_2CO_3）易溶于水，水溶液呈碱性，俗名纯碱或苏打，是白色粉末。它是化学工业的重要产品之一，广泛地用于玻璃制造、造纸、纺织等工业中。碳酸钠晶体含结晶水，化学式是 $Na_2CO_3 \cdot 10H_2O$。在干燥空气中碳酸钠晶体易风化，很容易失去结晶水变成碳酸钠，并逐渐碎裂成粉末。碳酸钠比碳酸氢钠更容易溶解于水。

碳酸氢钠（$NaHCO_3$）俗名小苏打，是一种细小的白色晶体。碳酸氢钠是生活中焙制糕点所用的发酵粉的主要成分；在医疗上，它是治疗胃酸过多的一种药剂。

碳酸盐和碳酸氢盐在一定条件可实现相互转化。如碳酸氢钠受热分解，可得到碳酸钠。此外，碳酸氢盐还可以与碱反应生成碳酸盐。

实验 2 - 1

取一支试管加入事先滴加酚酞的氢氧化钠溶液，然后再滴入碳酸氢钠溶液，观察实验现象。

$$NaHCO_3 + NaOH = Na_2CO_3 + H_2O$$

碳酸盐可以与碳酸（二氧化碳与水）反应生成碳酸氢盐。

$$Na_2CO_3 + H_2O + CO_2 = 2NaHCO_3$$

知识链接

碳纳米管

1991 年，日本 NEC 公司基础研究实验室的电子显微镜专家饭岛（Iijima）在高分辨透射电子显微镜下检验石墨电弧设备中产生的球状碳分子时，意外发现了由管状的同轴纳米管组成的碳分子，这就是"Carbon nanotube（CNTs）"，即碳纳米管，又名巴基管（图 2-4）。

碳纳米管结构为呈六边形排列的由碳原子构成的数层到数十层的同轴圆管。由于其独特的结构，碳纳米管的研究具有重大的理论意义和潜在的应用价值。它有望用作坚韧的碳纤维，其强度为钢的 100 倍，重量只有钢的 1/6；同时它还有望作为分子导线、纳米半导体材料、催化剂载体、分子吸收剂和近

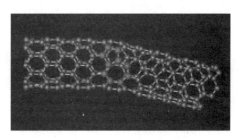

图 2-4　碳纳米管

场发射材料等。如果能以碳纳米管为材料制成显示器，那将是很薄的，可以像招贴画那样挂在墙上。由于碳纳米管具有优异的力学、电学和化学等性能，科学家们预测碳纳米管将成为 21 世纪最有前途的纳米材料。

溶洞的形成

当石灰岩层中的 $CaCO_3$ 遇到溶有 CO_2 的水时就会变成微溶性的碳酸氢钙 $Ca(HCO_3)_2$ 随水流动，溶有 $Ca(HCO_3)_2$ 的水如果受热或遇压强突然变小时，溶在水中的碳酸氢钙就会分解重新变成碳酸钙沉积下来，同时放出二氧化碳。

$$CaCO_3 + CO_2 + H_2O \Longrightarrow Ca(HCO_3)_2$$

$$Ca(HCO_3)_2 \Longrightarrow CaCO_3 + CO_2\uparrow + H_2O$$

由于石灰岩层各部分石灰质含量不同，被侵蚀的程度不同，因此逐渐被溶解分割成互不相依、千姿百态、陡峭秀丽的山峰和奇异景观的溶洞。如闻名于世的桂林溶洞、张家界黄龙洞、北京石花洞，就是由于水和二氧化碳地缓慢侵蚀而创造出的杰作（图 2-5）。

当溶有碳酸氢钙的水从溶洞顶滴到洞底时，由于水分蒸发、压强减少或温度变化，都会使二氧化碳溶解度减小

图 2-5　溶洞

而析出碳酸钙沉淀。这些沉淀经过千百万年的积聚，渐渐形成了钟乳石、石笋等。洞顶的钟乳石与地面的石笋连接起来了，就会形成奇特的石柱。这种现象在南斯拉夫亚德利亚海岸的喀斯特高原上最为普遍，所以常把石灰岩地区的这种地貌笼统地称为喀斯特地貌。"滴水穿石"也是这种侵蚀作用的写照。

思考与练习

一、选择题

1. 石墨炸弹爆炸时能在方圆几百里范围内撒下大量石墨纤维,使输电线、电石设备受到损坏,这是由于石墨（　　）。

    A. 有放射性　　　　　B. 易燃、易爆　　　　　C. 能导电　　　　　D. 有剧毒

2. 下列各组物质中,不互为同素异形体的是（　　）。

    A. 金刚石和石墨　　　　　　　　　　B. O_3 和 O_2

    C. ^{12}C 和 ^{13}C　　　　　　　　　　D. 红磷和白磷

3. 1996 年诺贝尔化学奖授予对发现 C_{60} 有重大贡献的三位科学家,现在 C_{70} 也已制得。对 C_{60} 和 C_{70} 这两种物质的叙述错误的是（　　）。

    A. 它们是两种新型的化合物　　　　　　B. 它们是碳元素的单质

    C. 它们都是由分子构成的　　　　　　　D. 它们的相对分子质量之差为 120

4. 下列气体不是温室气体的是（　　）。

    A. 二氧化碳　　　　　B. 氮气　　　　　C. 甲烷　　　　　D. 可燃冰

5. 控制二氧化碳排放,需要从人人做起,"低碳生活"成为新的时尚潮流。下列不属于"低碳生活"方式的是（　　）。

    A. 多用电子邮件、微信、QQ 等即时通讯工具,少用传真打印机

    B. 尽量使用太阳能等代替化石燃料

    C. 减少使用一次性餐具

    D. 提倡塑料袋的无偿使用

6. 下列不属于自然界中碳的循环过程的是（　　）。

    A. 植物光合作用　　　　　　　　　　B. 石墨矿的开采

    C. 动物的遗体被微生物分解破坏,最终变成二氧化碳等物质

    D. 空气中的二氧化碳被海水吸收,通过水生生物的贝壳和骨骼转移到陆地

7. 长期存放石灰水的试剂瓶,液面处内壁常附着一层白色固体物质,该物质是（　　）。

    A. $Ca(OH)_2$　　　　　B. CaO　　　　　C. $CaCO_3$　　　　　D. $Ca(HCO_3)_2$

8. "碳捕捉和储存（CCS）"技术是指通过碳捕捉技术,将工业和有关能源产业所产生的二氧化碳分离出来再利用。当前,二氧化碳及其产品的开发、应用是很多科学家致力研究的课题。下列有关说法不正确的是（　　）。

    A. 人类应将大气中的二氧化碳全部捕捉,以防产生温室效应

    B. 对捕捉到的二氧化碳进行净化,然后用于制造干冰

    C. 以捕捉到的二氧化碳为原料,用来制备甲醇等产品

    D. 用捕捉到的二氧化碳与海藻发生光合作用,可提高海藻产量

二、综合题

9. 写出下列化学方程式,并指出哪些是氧化还原反应。

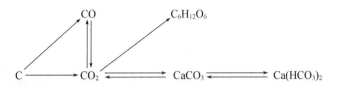

10. $CaCO_3$ 广泛存在于自然界,是一种重要的化工原料。大理石的主要成分为 $CaCO_3$,另外含有少量的含硫化合物。实验室用大理石和稀盐酸反应制备 CO_2 气体。下列装置可用于 CO_2 气体的提纯和干燥。

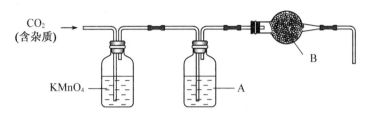

完成下列填空:

(1) 用浓盐酸配制 1∶1(体积比)的稀盐酸(约 6 mol/L),应选用的仪器是_____。

    A. 烧杯　　　　　　B. 玻璃棒　　　　　　C. 量筒　　　　　　D. 容量瓶

(2) 上述装置中,A 是_____溶液,可以吸收_____。

(3) 上述装置中,B 物质是_____。用这个实验得到的气体测定 CO_2 的相对分子量,如果 B 物质失效,测定结果_____(填"偏高""偏低"或"不受影响")。

11. 如何除去 Na_2CO_3 固体(溶液)中少量的 $NaHCO_3$? 如何除去 $NaHCO_3$ 溶液中少量的 Na_2CO_3?

三、计算题

12. 将某碳酸钠和碳酸氢钠的混合物 2.74 g 加热到质量不再变化时,剩余物质量为 2.12 g。求:

(1) 混合物中碳酸氢钠与碳酸钠的物质的量;

(2) 将这种混合物与足量的稀盐酸反应可以生成标准状况下的气体体积。

第二节　硅及其化合物

硅和氧是地壳所有元素中含量最高的两种。硅的氧化物及硅酸盐占地壳质量的 90％ 以上。建筑用的水泥、玻璃,饮食用的瓷碗、水杯,日常生活中各种电子产品等,都含有硅或其化合物。硅及硅的化合物广泛应用于半导体、计算机、建筑、通信、宇航、卫星等材料科学和信息技术等领域,其发展前景十分广阔。

一、硅

单质硅有晶体硅和无定形硅(非晶硅)两种。

晶体硅具有与金刚石相同的结构,是灰黑色、有金属光泽、硬而脆的固体,密度 2.42×

10^3 kg/m³，熔点 1 410 ℃，沸点 2 355 ℃（图 2 - 6）。

图 2 - 6 单质硅

无定形硅是一种灰黑色的粉末。由于硅位于周期表中的金属和非金属的分界处，所以其导电性介于导体和绝缘体之间。

由上一节可知，碳在常温下化学性质很稳定，高温时能与氧气等物质反应。硅作为碳的同族元素，它的化学性质会怎样呢？

从结构上看，硅原子既不易失去电子，也不易得到电子，所以硅的化学性质不活泼，主要形成四价化合物。在常温下，硅的化学性质不活泼，只能与氟气（F_2）、氢氟酸（HF）和强碱等有限的几种物质反应，它不易与其他物质如氢气、氧气、氯气、硫酸、硝酸等反应。

$$Si + 2F_2 == SiF_4$$
$$Si + 4HF == SiF_4 \uparrow + 2H_2 \uparrow$$
$$Si + 2NaOH + H_2O == Na_2SiO_3 + 2H_2 \uparrow$$

在加热或高温条件下，硅能与某些非金属单质如氧、氯、碳等发生反应。例如，加热时研细的硅能在氧气中燃烧，生成二氧化硅并放出大量的热。

$$Si + O_2 \xrightarrow{\text{点燃}} SiO_2$$

值得注意的是，在自然界中，硅只以化合态存在，主要是二氧化硅和硅酸盐。为了得到单质硅，工业上常采用焦炭在电炉中还原石英砂得到含有少量杂质的粗硅。

$$SiO_2 + 2C \xrightarrow{3\,000\,℃} Si + 2CO \uparrow$$

将粗硅进一步提纯后，可以得到用作半导体材料的高纯硅。

硅作为半导体，广泛应用于电子通信领域，包括制造晶体管、集成电路、硅整流器等半导体器件，还可用于制造太阳能电池等。有机硅化合物耐高温、耐腐蚀、有弹性，是特殊的润滑和密封材料，用于尖端科学和国防工业。

二、二氧化硅

二氧化硅又称硅石，广泛存在于自然界中，与其他矿物共同构成了岩石，是一种硬度大、熔点高的难溶于水的固体。它以晶体和无定形两种形态存在。比较纯净的晶体叫作石英；普通黄砂是细小的石英颗粒，因为含铁的氧化物而带黄色。无色透明的纯石英又叫作水晶，含微量杂质的石英依颜色的不同，分别称为紫水晶、墨晶、茶晶、玛瑙等（图 2 - 7）。

硅藻土含无定形的二氧化硅，它是死去的硅藻及其他微生物遗体经沉积胶结而形成的多孔、质轻、松软的固体物质，表面积大，吸附能力强，可以用作吸附剂、催化剂载体和绝热隔音的建筑材料等。

二氧化硅的原子结构，如图 2 - 8 所示。Si 在中心，O

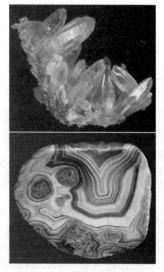

图 2 - 7 水晶和玛瑙

在四个顶角。每1个Si原子周围结合4个O原子,同时每1个O原子周围结合2个Si原子。二氧化硅中氧原子与硅原子个数比为2∶1,通常用SiO_2来表示二氧化硅的组成。

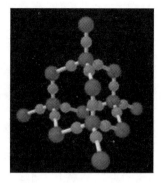

二氧化硅化学性质不活泼,它是一种酸性氧化物,但不能与水反应生成相应的硅酸。常温下能与强碱溶液缓慢反应。如二氧化硅与氢氧化钠反应,可得到硅酸钠。硅酸钠有黏性,其溶液俗称水玻璃。

$$SiO_2 + 2NaOH == Na_2SiO_3 + H_2O$$

因此,实验室盛装NaOH溶液的试剂瓶往往用橡皮塞代替玻璃塞。

图2-8　二氧化硅原子结构

高温时和碱性氧化物以及一些盐类反应,均生成硅酸盐。

$$SiO_2 + CaO \xrightarrow{高温} CaSiO_3$$

$$SiO_2 + CaCO_3 \xrightarrow{高温} CaSiO_3 + CO_2\uparrow$$

常温下二氧化硅能与氢氟酸反应,此反应常用来刻蚀玻璃。因此,实验室不用玻璃瓶盛装氢氟酸。

$$SiO_2 + 4HF == SiF_4\uparrow + 2H_2O$$

二氧化硅用途广泛,可用于制造电子工业的重要部件、光学仪器、石英钟表、高级工艺品等。用它制成的石英玻璃可用于耐高温的化学仪器、医用水银石英灯等。二氧化硅既是传统无机非金属材料玻璃、水泥、陶瓷的重要原料,又是高性能的现代通讯材料——光导纤维的重要原料。

知识链接

硅——制造芯片的重要材料

硅是如今应用最广泛的半导体材料(图2-9)。硅元素质子数比铝元素多一个,比磷元素少一个,它是现代电子计算器件的物质基础。硅材料并不是直接就能跳到芯片这一步。芯片的原材料是晶圆,而晶圆的成分是单晶硅。

在自然界中,硅一般是以硅酸盐或二氧化硅的形式存在于砂石

图2-9　硅材料

中,将砂石原料放入2 000 ℃高温且有碳源存在的电弧熔炉中,利用高温让二氧化硅与碳反应,从而得到冶金级硅(纯度约98%)。但这种纯度的硅还不足以用来制备电子元器件,因此还要对其进一步提纯。将粉碎的冶金级硅与气态氯化氢进行氯化反应,生成液态的硅烷,然后通过蒸馏和化学还原工艺,得到了高纯度的多晶

硅,其纯度高达 99.999 999 999%,成为电子级硅。

图 2-10　硅制芯片

那么如何从多晶硅中得到单晶硅呢?最常用的是直拉法,将多晶硅放在石英坩埚中,用 1 400 ℃的温度在外围保持加热,就会产生多晶硅熔化物。当然,在这之前会把一颗籽晶浸入其中,并且由拉制棒带着籽晶做反方向旋转,同时慢慢地、垂直地由硅熔化物中向上拉出。多晶硅熔化物会粘在籽晶的底端并且按籽晶晶格排列的方向不断地生长上去,在其被拉出和冷却后就生长成了与籽晶内部晶格方向相同的单晶硅棒。最后对单晶硅棒进行滚磨、切割、研磨、倒角、抛光等工艺,就得到了最重要的晶圆片了。

按照切割尺寸的不同,硅晶圆主要可划分为 6 英寸、8 英寸、12 英寸及 18 英寸等。硅晶圆片尺寸越大,每块晶圆上就能切割出更多的芯片,单位芯片的成本也就更低,但是对芯片工艺的要求也更高(图 2-10)。

硅是产量最大、应用最广的半导体材料,它的产量和用量往往标志着一个国家的电子工业水平。

思考与练习

一、选择题

1. 下列说法正确的是(　　)。

　　A. 自然界中存在大量的单质硅

　　B. 石英、水晶、硅石的主要成分都是二氧化硅

　　C. 二氧化硅的化学性质活泼,能与酸、碱发生化学反应

　　D. 自然界中二氧化硅都存在于石英矿中

2. 二氧化硅不具有的性质是(　　)。

　　A. 常温下与水反应生成酸　　　　　　B. 常温下能与苛性钠反应

　　C. 高温时能与氧化钙反应　　　　　　D. 常温时能与氢氟酸反应

3. 关于硅的化学性质的叙述中,正确的是(　　)。

　　A. 常温时不和任何酸反应　　　　　　B. 常温时硅与卤素单质均不反应

　　C. 单质硅比金刚石熔点低　　　　　　D. 单质硅比碳的非金属性强

4. 下列物质中,不含有硅酸盐的是(　　)。

　　A. 水玻璃　　　　　B. 黏土　　　　　C. 硅芯片　　　　　D. 普通水泥

5. 二氧化硅属于酸性氧化物,理由是(　　)。

A. Si 是非金属元素 　　　　　　　B. SiO_2 对应的水化物是可溶性弱酸

C. SiO_2 与强碱反应生成盐和水 　　D. SiO_2 不能与酸反应

6. 半导体行业中有一句话:"从沙滩到用户",计算机芯片的材料是硅,下列有关硅及其化合物叙述正确的是(　　　)。

A. 水玻璃可作防火材料

B. 光导纤维的主要成分是高纯硅

C. 可用石英坩埚加热熔融氢氧化钠固体

D. 二氧化硅不和任何酸反应

7. 下列关于二氧化硅的说法中,错误的是(　　　)。

A. 二氧化硅分子由一个硅原子和两个氧原子构成

B. 二氧化硅和二氧化碳在物理性质上有很大的差别

C. 工业上用二氧化硅制粗硅

D. 二氧化硅既能与氢氟酸反应,又能与烧碱反应,但它不是两性氧化物

二、综合题

8. 无论是从国民经济中的地位来看,还是从科学发展的角度来看,硅都发挥着重要的作用。

(1) 人类使用硅酸盐产品(如陶瓷等)的历史已经快一万年了,但在 1823 年才获得单质硅。单质硅可通过用金属钾还原 SiF_4 的方法获得,写出化学方程式:_____。

(2) 用沙子与镁粉混合在高温条件下反应得到无定形硅,反应的化学方程式为_____。

9. 工业上,硅是在电炉中用炭粉还原二氧化硅制得的,若往电炉中加入 60 g 二氧化硅和适量的炭粉的混合物,通电,使它们发生如下反应:

$$SiO_2 + 2C \xrightarrow{\text{高温}} Si + 2CO\uparrow$$

求生成物的质量各是多少,生成的一氧化碳在标准状况下的体积是多少?

第三节　氮及其化合物

氮是地球上极为丰富的一种元素,氮的单质通常以双原子分子存在于大气中,约占空气总体积的 78%,氮还以化合态形式存在于很多无机物和有机物中,如各种铵盐、硝酸盐。氮是生命的基础物质——蛋白质和核酸的不可缺少的组成元素。氮气还是合成氨、生产氮肥和硝酸的重要工业原料。

一、氮

纯净的氮气是一种无色、无味的气体,密度比空气稍小,难溶于水,难液化。由于氮原子半径较小,且最外层有 5 个电子,核对外层电子引力较大,故表现出活泼的非金属性。

通常情况下氮气的化学性质不活泼,但是在特定条件下,氮气又可以和 O_2,H_2 等发生化学反应。

氮气可以与活泼金属如镁反应:

$$3Mg + N_2 \xrightarrow{\text{点燃}} Mg_3N_2$$

氮气在自然界中,在放电情况下与氧气反应生成一氧化氮:

$$N_2 + O_2 \xrightarrow{\text{放电}} 2NO$$

氮气在高温高压和催化剂作用下,能与氢气发生反应:

$$N_2 + 3H_2 \underset{\text{催化剂}}{\overset{\text{高温、高压}}{\rightleftharpoons}} 2NH_3$$

氮气在工业上主要用于制造氮肥、炸药及其他重要化学品的原料,如合成氨、硝酸等。它还可用来代替稀有气体做焊接金属的保护气;填充灯泡防止钨丝被氧化或挥发;粮食、水果等食品,也常用氮气作保护气,以防止腐烂。液氮可用作冷冻剂,如在医学领域为手术创造冷冻条件;在高科技领域制造低温环境,使有些超导材料在低温下获得超导性能。

氮是蛋白质的重要组成部分,动植物生长都需要吸收含氮的养料,但多数生物并不能直接吸收氮气,只能吸收含氮的化合物。因此,只有把空气中的氮气转变成含氮的化合物,才能作为生物的养料。将游离态氮固定为化合态氮的过程叫作氮的固定(图 2-11)。

氮的固定主要有三种途径。第一种是在放电的条件下,空气中的氮气和氧气可以直接化合生成无色无味的一氧化氮,它不溶于水,不稳定,在常温下很容易与氧气形成二氧化氮。二氧化氮是一种红棕色、有刺激性气味的剧毒气体,易溶于水,并与水反应生成硝酸和一氧化氮,硝酸随雨水淋洒到地上,同土壤里的矿物质化合,生成能被植物吸收的硝酸盐。在雷雨天,大气中常有 NO 产生,经过一系列反应最终变为硝酸盐被植物吸收,"雷雨发庄稼"说的就是这个道理。

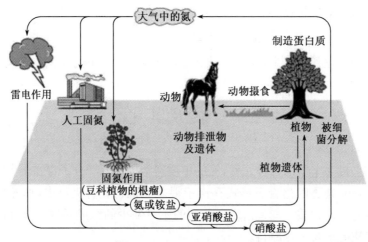

图 2-11 自然界中氮的循环

第二种途径主要依靠植物的根瘤菌吸收空气中的氮气,直接合成氮的化合物,供植物吸收并变成蛋白质。

第三种途径是人工固氮。工业上利用氮气来合成氨,并由此制造硝酸或其他铵盐。

在高温高压有催化剂存在的条件下，N_2 与 H_2 可以直接化合，生成氨气（NH_3），并放出热量。同时 NH_3 也会分解成 N_2 和 H_2。像这种在同一条件下，既能向生成物方向进行（通常叫作正反应），同时又能向反应物方向进行（通常叫作逆反应）的反应，叫作可逆反应。

$$N_2 + 3H_2 \xrightarrow[\text{催化剂}]{\text{高温高压}} 2NH_3$$

人工固氮消耗大量能量而且产量有限。因此，人们长期以来盼望能用化学方法模拟生物固氮，实现在温和条件下固氮，这也是当前一个重要的科学研究课题。

二、氨

在自然界中，氨主要来源于生物体内蛋白质的腐败分解。工业生产中，氨气由氮气和氢气为原料合成。1913 年，德国化学家弗里兹·哈伯经过长时间的探索，实现了合成氨的工业化生产。1918 年，弗里兹·哈伯因此获得诺贝尔化学奖。

1. 氨的物理性质

氨是没有颜色、具有刺激性气味的气体。氨很容易液化，在常压下冷却到 $-33.35\ ℃$ 或在常温下加压到 $7 \times 10^5 \sim 8 \times 10^5\ Pa$，气态氨就凝结为无色的液体，同时放出大量的热。反之，液态氨汽化时要吸收大量的热，能使它周围物质的温度急剧降低，因此，氨常用作制冷剂。氨也是制造硝酸、化肥、炸药的重要原料。

实验 2 - 2

在干燥的圆底烧瓶里充满氨气，用带有玻璃管和滴管（滴管里预先吸入水）的塞子塞紧瓶口。立即倒置烧瓶，使玻璃管插入盛有水的烧杯里（水里事先加入少量酚酞试液），按图 2 - 12 安装好装置。打开橡皮管上的夹子，挤压滴管的胶头，使少量水进入烧瓶。观察现象。

图 2 - 12　氨溶于水的喷泉实验

可以看到，烧杯里的水由玻璃管喷入烧瓶，形成美丽的喷泉，烧瓶内液体呈红色。由此可知，氨极易溶解于水。在常温常压下，1 体积水约溶解 700 体积氨。氨的水溶液叫作氨水。烧瓶中喷泉呈红色，说明氨气能与水反应生成碱性物质。

2. 氨的化学性质

（1）氨与水的反应

氨溶于水后，大部分与水结合成一水合氨（$NH_3 \cdot H_2O$），$NH_3 \cdot H_2O$ 可以小部分电

离成 NH_4^+ 和 OH^-，所以氨水显弱碱性，能使酚酞溶液变红色。氨气是唯一的碱性气体，能使湿润的红色石蕊试纸变蓝，通常以此来检验氨气的存在。

氨在水中的反应可用下式表示：

$$NH_3 + H_2O \rightleftharpoons NH_3 \cdot H_2O \rightleftharpoons NH_4^+ + OH^-$$

一水合氨很不稳定，受热就会分解而生成氨和水，所以浓氨水有挥发性。

$$NH_3 \cdot H_2O \stackrel{\triangle}{=\!=\!=} NH_3 + H_2O$$

（2）氨与酸的反应

实验 2-3

用 2 根玻璃棒分别在浓氨水和浓盐酸里蘸一下，然后将这两根玻璃棒接近，但不接触，观察发生的现象。

可以看到当两根玻璃棒接近时，产生大量的白烟，这是氨水里挥发出的氨跟浓盐酸挥发出的氯化氢化合所生成的微小的氯化铵晶体。

$$NH_3 + HCl =\!=\!= NH_4Cl$$

氨同样能跟其他的酸化合生成相应的铵盐。

$$NH_3 + HNO_3 =\!=\!= NH_4NO_3（白烟）$$

$$2NH_3 + H_2SO_4 =\!=\!= (NH_4)_2SO_4$$

铵盐是由铵根离子（NH_4^+）和酸根离子组成的化合物。一般是晶体，易溶于水，受热易分解，放出氨气。如：

$$NH_4Cl \stackrel{\triangle}{=\!=\!=} NH_3\uparrow + HCl\uparrow$$

铵盐在工农业生产上有着重要的用途。大部分铵盐可用作氮肥。硝酸铵还可用来制炸药。氯化铵常用作印染和制干电池的原料；它也用在金属的焊接上，以除去金属表面上的氧化物薄层。

（3）氨与氧气的反应

在催化剂（如铂、氧化铁等）存在的情况下，氨跟氧气发生如下的反应：

$$4NH_3 + 5O_2 \stackrel{催化剂}{=\!=\!=} 4NO + 6H_2O$$

这个反应叫作氨的催化氧化（也称接触氧化），它是工业上制硝酸的关键一步。

3. 实验室制取氨气

实验室常采用加热氯化铵和氢氧化钙的方法制取氨气，装置如图 2-13 所示。

参照制取氨所用的原理图和实验室装置图，填写表2-2。

图 2-13 实验室制取氨气装置

表 2-2　实验室制取氨气

实验室制取氨气用的原料		氯化铵、氢氧化钙
氨气产生的方法		加热
氨气收集的方法		
对收集氨气的试管进行验满的方法		
反应的化学方程式		
实验中应注意的问题及原因	1. 产生氨气的试管口的朝向	
	2. 棉花的作用	
	3. 如何收集干燥的氨气	
	4. 如何处理多余的氨气	
实验室中还可以用哪些方法快速制氨气?		

　　氨是工业上常用的制冷剂。氨与硝酸、硫酸、二氧化碳化合可生成多种多样的化肥——硝酸铵、硫酸铵、碳酸氢铵和尿素,供应农业生产。氨还可以制成工业上的重要原料——硝酸;同时,它也是合成纤维、塑料、染料、尿素等有机合成工业的常用原料。

三、硝酸

1. 硝酸的物理性质

　　纯硝酸是无色、易挥发、有刺激性气味的液体,它能以任意比溶解于水。常用的浓硝酸质量分数大约是69%。98%以上的浓硝酸通常称为发烟硝酸(图 2-14)。这是因为浓硝酸挥发出的硝酸蒸气遇到空气里的水蒸气,能生成极微小的硝酸液滴。

图 2-14　工业浓硝酸

2. 硝酸的化学性质

　　硝酸是常用的三大强酸之一,具有酸的通性,同时还有其自身特性。

（1）硝酸的不稳定性

　　在实验室里看到的硝酸大多呈黄色,这是由于硝酸分解产生的 NO_2 溶于硝酸的缘故。纯净的硝酸或浓硝酸在常温下见光或受热就会分解:

$$4HNO_3 \xrightarrow{\triangle} 4NO_2\uparrow + O_2\uparrow + 2H_2O$$

　　硝酸越浓,温度越高,就越容易分解。为了防止硝酸分解,应该把它放在棕色瓶里,存放于黑暗低温的地方。

（2）硝酸的强氧化性

　　硝酸是一种很强的氧化剂,不论稀硝酸还是浓硝酸都有氧化性。

实验 2-4

　　在放有铜片的 2 支试管里,分别加入少量浓硝酸和稀硝酸,观察现象。

可以看到,浓硝酸和稀硝酸都能与铜反应。浓硝酸与铜反应剧烈,有红棕色的气体产生,溶液变蓝色;稀硝酸和铜反应较缓慢,有无色气体产生,并在试管口变为红棕色,这是因为反应生成的 NO 在试管口遇氧气氧化成了 NO_2。

$$Cu + 4HNO_3(浓) \Longrightarrow Cu(NO_3)_2 + 2NO_2\uparrow + 2H_2O$$

$$3Cu + 8HNO_3(稀) \Longrightarrow 3Cu(NO_3)_2 + 2NO\uparrow + 4H_2O$$

硝酸与铜反应时,主要是 +5 价的氮得电子被还原,而不是 H^+ 得电子,因此并不像盐酸和稀硫酸跟较活泼的金属反应那样放出氢气。这表现出了硝酸的强氧化性。除金、铂等少数金属之外,它能与所有金属反应,但都不放出氢气。

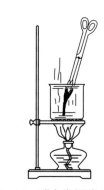

铁、铝、铬、镍等在冷的浓硝酸中会在表面生成一层致密的氧化物保护薄膜,阻止内部金属继续跟硝酸起反应,发生"钝化"现象。所以常温下可以用铝槽车装运浓硝酸。

硝酸还能使许多非金属(如碳、硫、磷)及某些有机物(如松节油、锯末等)氧化(图 2-15)。例如:

图 2-15　碳在发烟硝酸中燃烧

$$4HNO_3(浓) + C \xrightarrow{\triangle} 2H_2O + 4NO_2\uparrow + CO_2\uparrow$$

硝酸的强氧化性对皮肤、衣物、纸张等都有腐蚀作用。万一不慎将浓硝酸弄到皮肤上,应立即用大量水冲洗,再用小苏打水或肥皂水洗涤。

3. 硝酸的工业制法

现代工业利用氨的催化氧化法来制取硝酸。这一过程分为 NH_3 氧化生成 NO 和 NO 氧化生成 NO_2,NO_2 被 H_2O(或稀硝酸)吸收而生成硝酸共三个部分。

$$4NH_3 + 5O_2 \xrightarrow{催化剂} 4NO + 6H_2O$$

$$2NO + O_2 \Longrightarrow 2NO_2$$

$$3NO_2 + H_2O \Longrightarrow 2HNO_3 + NO$$

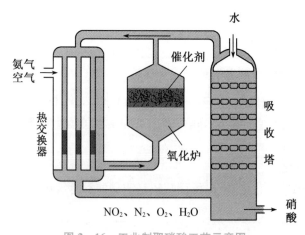

图 2-16　工业制取硝酸工艺示意图

知识链接

硝酸盐、亚硝酸盐

硝酸钾、硝酸钠、亚硝酸钾、亚硝酸钠常用于钢铁制件表面氧化处理(发蓝)。硝酸钾、硝酸钠还用于制造火药、烟花等。硝酸铈用于光学玻璃、原子能、电子工业等。硝酸银用于制照相乳胶剂、镀银、制镜等。

多数硝酸盐是无色晶体。所有的硝酸盐都极易溶于水。硝酸盐性质不稳定,加热易分解放出氧气,所以在高温时硝酸盐是强氧化剂。由于其分解时放出氧气,因此不可将硝酸盐与易燃物质混合存放,否则在受热时会猛烈燃烧甚至爆炸。硝酸盐受热分解的产物和成盐金属的活动顺序有关,其中最活泼的金属(在金属活动性顺序表中镁以前的活泼金属)的硝酸盐仅放出一部分氧而变成亚硝酸盐。

$$2NaNO_3 \overset{\triangle}{=\!=\!=} 2NaNO_2 + O_2 \uparrow$$

亚硝酸钠是一种无色或淡黄色晶体,外观与滋味类似食盐,是一种工业用盐,有很强的毒性。如果误食亚硝酸钠或含有过量亚硝酸钠的食物会中毒,表现为口唇、指甲、皮肤发紫,并有头晕、呕吐、腹泻等症状,严重时可使人因缺氧而死亡。

亚硝酸盐(如 $NaNO_2$、KNO_2 等)用于印染、漂白等行业,还广泛用作防锈剂,也是建筑上常用的一种混凝土掺加剂。在一些食品中,常加入少量亚硝酸盐作为防腐剂和增色剂,起到防腐且使肉类色泽鲜艳的作用。国家对食品中亚硝酸盐的含量有严格限制,因为亚硝酸盐进入血液后,会把亚铁血红蛋白氧化为高铁血红蛋白,使血液失去携氧功能,而造成组织缺氧,并且它还是一种潜在的致癌物质(在人体内可能生成强致癌物 N-亚硝胺),过量或长期食用对人体会造成危害。

腐烂的蔬菜中就含有亚硝酸钠,因此不能食用。长时间加热沸腾或反复加热沸腾的水,由于水分的不断蒸发,使水中硝酸盐含量增大,饮用后部分硝酸盐在人体内能被还原成亚硝酸盐,也会对人体造成危害。

思考与练习

一、选择题

1. 氮气能大量存在于空气中的根本原因是(　　　)。

　　A. 氮气性质稳定,即使在高温下也不与其他物质发生反应

　　B. 氮气比空气轻且不溶于水

　　C. 氮气分子中两个氮原子结合很牢固,分子结构稳定

　　D. 氮气既无氧化性,也无还原性,不与其他物质反应

2. 下列有关 NO_2 的说法正确的是(　　　)。

　　A. NO_2 可由 N_2 与 O_2 反应直接制备

　　B. NO_2 有毒,但因其易溶于水且与水反应,因此不属于大气污染物

    C. NO_2 既有氧化性也有还原性

    D. NO_2 为红棕色气体,因此将 NO_2 通入水中,溶液显红棕色

3. 下列反应起到了固氮作用的是(　　)。

    A. 工业上 N_2 与 H_2 在一定条件下合成 NH_3

    B. NO 与 O_2 反应生成 NO_2

    C. NH_3 被 O_2 氧化成 NO 和 H_2O

    D. 由 NH_3 制备化肥 NH_4HCO_3

4. 氮气通常用作焊接金属的保护气,填充灯泡,这是因为(　　)。

    A. 氮的化学性质稳定　　　　　　　　B. 氮分子是双原子分子

    C. 氮气的密度接近空气密度　　　　　D. 氮气可与氧气反应

5. 在 NO_2 与水反应中,NO_2 的作用是(　　)。

    A. 氧化剂　　　　　　　　　　　　　B. 还原剂

    C. 既是氧化剂又是还原剂　　　　　　D. 不是氧化剂也不是还原剂

6. 下列关于氨的叙述错误的是(　　)。

    A. 氨易液化,因此可以用来做制冷剂

    B. 氨易溶解于水,因此可用来做喷泉实验

    C. 氨极易溶解于水,因此氨水比较稳定不易分解

    D. 氨溶解于水显弱碱性,因此可使酚酞变为红色

7. 下列不属于铵盐的共有性质的是(　　)。

    A. 都是晶体　　　　　　　　　　　　B. 都能溶于水

    C. 常温时易分解　　　　　　　　　　D. 都能跟碱起反应放出氨气

8. 氨水显弱碱性的主要原因是(　　)。

    A. 通常状况下,氨的溶解度不大

    B. 氨水中的 $NH_3 \cdot H_2O$ 电离出少量 OH^-

    C. 溶于水的氨分子只有少量电离

    D. 氨本身的碱性弱

9. 浓硝酸常呈黄色的原因是(　　)。

    A. 浓硝酸中混有 AgI　　　　　　　　B. 浓硝酸中混有 Fe^{3+}

    C. 浓硝酸易分解产生 NO_2　　　　　　D. 浓硝酸易氧化单质硫

10. 硝酸的性质与下列现象不相符合的有(　　)。

    A. 打开浓硝酸的试剂瓶塞,有白雾冒出　B. 久置的浓硝酸呈黄色

    C. 稀硝酸能使紫色石蕊试液变红　　　　D. 稀硝酸不能与铜反应

11. 对 $3NO_2 + H_2O = 2HNO_3 + NO$ 反应的下列说法正确的是(　　)。

    A. 氧化剂与还原剂的质量比为 1:2

    B. 氧化产物与还原产物的物质的量之比为 1:2

    C. NO_2 是氧化剂,H_2O 是还原剂

    D. 在反应中若有 6 mol NO_2 参与反应时,有 3 mol 电子发生转移

二、填空题

12. 下列事实各说明了硝酸的什么性质?

事实	性质
打开盛有浓硝酸的试剂瓶塞,有白雾冒出	
稀硝酸能使紫色石蕊试液变红	
久置的浓硝酸呈黄色	
浓硝酸能与铜等不活泼金属反应,又能用铝槽车装运	

13. 在进行 NO_2 溶于水的实验时,有如图所示操作,请完成以下填空。

(1) 将充满 NO_2 的试管倒扣在盛有水的水槽中,可观察到的现象有:_____
_____,水位上升。

(2) 当向试管中通入少量 O_2,现象是_____,试管内液面上升。

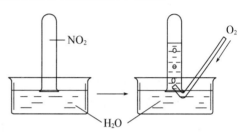

图 2-17 NO_2 溶于水的实验

(3) 上述过程涉及的化学方程式为

① _____,

② _____,

③ _____。

三、综合题

14. 试用化学方程式表示雷雨中含有微量硝酸的原因。

15. 写出下列转化的化学方程式,如果是氧化还原反应,请指出氧化剂和还原剂。

$$N_2 \longrightarrow NH_3 \longrightarrow NO \longrightarrow NO_2 \Longleftrightarrow HNO_3$$

第四节 硫及其化合物

硫很早就为人类所利用,我国古代四大发明之一的黑火药就是用硫粉、木炭粉和硝酸钾按一定比例混合而成的。硫位于周期表中ⅥA族,其性质跟我们已经学过的氧很相似,氧(O)、硫(S)、硒(Se)、碲(Te)、钋(Po)这五种元素统称为氧族元素。

硫是一种重要的非金属元素,广泛存在于自然界。在火山口或地壳的岩层里有大量的游离态的硫存在。天然煤和石油里也含有少量硫。以化合态存在的硫包括金属元素的硫化物和硫酸盐两大类。主要的硫矿有:黄铁矿(FeS_2),黄铜矿($CuFeS_2$),闪锌矿(ZnS),石膏($CaSO_4 \cdot 2H_2O$),重晶石($BaSO_4$),芒硝($Na_2SO_4 \cdot 10H_2O$)。硫还是某些蛋白质的组成元素,是生物生长所必需的元素。

一、硫

硫单质俗称硫黄,通常状况下为黄色或淡黄色的晶体(图 2-18)。硫很脆,容易研成粉末,不溶于水,微溶于酒精,易溶于二硫化碳(CS_2)。

硫也能跟一些非金属如氧、氢等反应。硫在氧气中燃烧,产生蓝色火焰,产生二氧化硫。

$$S + O_2 \xrightarrow{\text{点燃}} SO_2$$

硫蒸气能和氢气直接化合生成硫化氢：

$$S + H_2 \xrightarrow{\triangle} H_2S$$

硫化氢是无色、有臭鸡蛋气味的气体,性质不稳定,易分解。密度比空气略大,有剧毒,是一种大气污染物。空气里如果含有微量的硫化氢,会引起头痛、眩晕,吸入较多量时,会引起中毒昏迷,甚至死亡。

图 2－18　硫黄

实验 2－5

将研细的硫粉和铁粉混合均匀,装入试管中。轻轻振荡试管,使混合物粉末紧密接触,并铺平成为一薄层。然后把试管固定在铁架台上,试管口略向下倾斜(如图 2－19 所示)。加热试管底部至红热后,移开酒精灯,观察发生的现象。

铁粉、硫粉混合物

图 2－19　硫粉与铁粉的反应

可以看到,硫粉和铁粉的混合物加热后能发生反应,放出的热量能使反应继续进行,生成黑色的硫化亚铁。硫跟氧类似,化学性质比较活泼,能跟除金、铂以外的金属直接化合,生成金属硫化物。在硫化物中,硫的化合价通常是－2 价。

$$Fe + S \xrightarrow{\triangle} FeS$$

$$2Al + 3S \xrightarrow{\triangle} Al_2S_3$$

硫的用途广泛,可用来制造硫酸,生产橡胶制品,还可以用来制造黑火药、焰火;在农业上硫可作为杀虫剂(如石灰硫黄合剂)的原料;医疗上还可以用于制造硫黄软膏医治某些皮肤病等。

二、硫的氧化物

1. 二氧化硫(SO_2)

二氧化硫是一种无色、有刺激性气味的有毒气体,对黏膜有强烈的刺激作用,能使人嗓子变哑、呼吸困难甚至失去知觉。其沸点是－10 ℃,熔点是－75.5 ℃,容易液化。二氧化硫易溶于水,常温常压下 1 体积水大约能溶解 40 体积二氧化硫。

二氧化硫是酸性氧化物,具有酸性氧化物的通性,与水化合时生成亚硫酸(H_2SO_3)。

实验 2 - 6

将集满 SO_2 的试管倒插入水槽中,轻轻振荡并观察现象。将试管取出,滴入紫色石蕊试剂,观察现象。

亚硫酸只能存在于溶液中,它很不稳定,容易分解成水和二氧化硫。

$$SO_2 + H_2O \rightleftharpoons H_2SO_3$$

SO_2 能与氢氧化钠发生反应,但 SO_2 不足时,主要生成亚硫酸钠。当 SO_2 过量时,主要生成亚硫酸氢钠。

$$SO_2 + 2NaOH = Na_2SO_3 + H_2O \, (SO_2 \text{ 不足})$$
$$SO_2 + NaOH = NaHSO_3 \, (SO_2 \text{ 过量})$$

实验 2 - 7

探究 SO_2 的漂白性实验。将二氧化硫通入一盛有品红溶液的烧杯中,持续一段时间,观察实验现象。然后将上述烧杯放置在石棉网上加热,观察实验现象,填写表 2 - 3。

表 2 - 3　二氧化硫的漂白性

实验操作	实验现象	原因
将二氧化硫持续通入品红溶液中		
将已褪色的品红溶液在酒精灯上加热		

由上述现象可以说明二氧化硫具有漂白某些物质的性能,二氧化硫在水溶液中能与有色的物质生成无色的化合物。

工业上常用二氧化硫作漂白剂来漂白不能用氯漂白的稻草、毛、丝等。纸浆是黄色的,需要用二氧化硫进行漂白,这样做成的纸才是白色。但是日久以后漂白过的纸张等又逐渐恢复原来的颜色。这是因为二氧化硫与有机色素形成的无色物质不稳定,发生分解所致。此外,二氧化硫还用于杀菌、消毒等。

二氧化硫是有用的化工原料,工业上主要用燃烧硫铁矿来制取二氧化硫。

$$4FeS_2 + 11O_2 \xrightarrow{\text{点燃}} 8SO_2\uparrow + 2Fe_2O_3$$

二氧化硫分散在大气中时,就成了难以处理的大气污染物。它们能直接危害人体健康,引起呼吸道疾病,严重时会使人死亡。大气中的二氧化硫和二氧化氮溶于水后形成酸性溶液,随雨水降下,就可能成为酸雨。正常雨水由于溶解了二氧化碳,pH 为 5.6。酸雨的 pH 小于 5.6。因此,工业废气排放到大气中以前,必须回收处理,防止二氧化硫等污染大气。

2. 三氧化硫(SO_3)

固态三氧化硫是一种无色、易升华的晶体,熔点是 16.8 ℃,沸点是 44.8 ℃。

当它遇水时立即剧烈反应而生成硫酸,同时放出大量的热。

$$SO_3 + H_2O = H_2SO_4$$

三氧化硫是酸性氧化物，具有酸性氧化物的通性。

$$CaO + SO_3 == CaSO_4$$

$$2NaOH + SO_3 == Na_2SO_4 + H_2O$$

二氧化硫在适当的温度并有催化剂（V_2O_5）存在的条件下，可以被氧气氧化而生成三氧化硫。三氧化硫也可以分解而生成二氧化硫和氧气。工业上利用这一原理来生产硫酸。

$$2SO_2 + O_2 \xrightarrow[\triangle]{催化剂} 2SO_3$$

三、硫酸

纯净的硫酸是无色、黏稠、油状液体，难挥发，是高沸点（338 ℃）的强酸（图 2-20）。常用浓硫酸的质量分数是 98%，密度为 1.84×10^3 kg/m³。

浓硫酸极易溶于水，同时放出大量热，因此，稀释浓硫酸时，千万不能把水倒入浓硫酸中，而要在搅拌下将浓硫酸缓缓地注入水里，使产生的热量迅速扩散。稀硫酸是二元强酸，具有酸的通性。

浓硫酸具有一些特殊性质。浓硫酸很容易跟水结合生成多种水合物，具有吸水性，所以常用作气体的干燥剂。

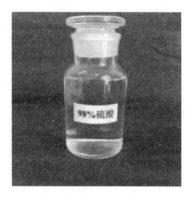

图 2-20　浓硫酸

$$H_2SO_4 + nH_2O == H_2SO_4 \cdot nH_2O$$

实验 2-8

在盛有蔗糖的小烧杯中，加入很少量的水，搅拌均匀，用滴管向其中滴入浓硫酸并搅拌，观察蔗糖颜色与形态的变化。

$$C_{12}H_{22}O_{11} \xrightarrow{浓硫酸} 12C + 11H_2O$$

烧杯中蔗糖会逐渐变黑，然后体积发生膨胀，形成疏松多孔的海绵状的碳。这是因为浓硫酸能按水的组成比脱去纸张、棉布、木材、皮肤等有机物中的氢、氧成分，使它们碳化而变黑，即具有强烈的"脱水性"。因此，浓硫酸能严重地破坏动植物组织，有强烈的腐蚀性，使用时要注意安全。除此以外，浓硫酸还具有很强的氧化性。

实验 2-9

在试管里放入一块铜片，注入少量浓硫酸，给试管加热，将所放出的气体通入品红溶液，把试管里的溶液倒在盛着少量水的另一支试管里，使溶液稀释，观察溶液的颜色。

此实验中可以看到，常温下，无明显现象；加热后，铜片溶解，有气泡生成，品红溶液褪色，反应后生成物水溶液呈蓝色。在这个反应中，浓硫酸氧化了铜，而本身被还原成二氧化硫。由此可知,浓硫酸跟金属的反应不放出氢气,产物是金属的硫酸盐,一般还有水和二氧化硫。

$$Cu + 2H_2SO_4(浓) \xrightarrow{\triangle} CuSO_4 + SO_2\uparrow + 2H_2O$$

加热时,浓硫酸还能跟碳、硫等一些非金属发生氧化还原反应。如在蔗糖和浓硫酸的实验中,蔗糖被脱水碳化后,体积迅速膨胀,就是因为蔗糖脱水后形成的碳被氧化成二氧化碳,而硫酸被还原为二氧化硫,产生大量气体使其膨胀。

$$2H_2SO_4(浓) + C \xrightarrow{\triangle} 2SO_2\uparrow + CO_2\uparrow + 2H_2O$$

在常温下,浓硫酸跟某些金属如铁、铝等接触,也能够使金属表面"钝化"。因此,冷的浓硫酸可以用铁或铝的容器贮存。

硫酸是化学工业中最重要的产品之一。在化学肥料工业上制取过磷酸钙等磷肥、硫酸铵等氮肥;在金属加工行业中用作清洗剂;还能制取其他的硫酸盐,如硫酸铜、硫酸亚铁等,制取各种挥发性酸等;硫酸还大量用于精炼石油,制造炸药、农药、染料等。

知识链接

空气质量指数(AQI)

二氧化硫、氮氧化物、空气中的颗粒等都是大气污染物质,为了监测和控制大气的质量状况,就有了空气质量指数。

空气质量指数(Air Quality Index,简称 AQI)是许多国家评估环境空气质量状况的一种方式,它是将一系列复杂的空气质量监测数据,按照一定的计算处理方式,变为一种易于理解的指数,然后将指数跟空气质量的标准进行对比,评判这些数据对应的空气质量等级。主要监测的数据包括二氧化硫(SO_2)、二氧化氮(NO_2)、颗粒物、一氧化碳(CO)和臭氧(O_3)等的平均浓度值。

AQI 值在 0~50 时,空气质量为优;在 101~150 时,属于轻度污染;大于 300 时,属于严重污染。

思考与练习

一、填空题

1. 通常情况下,单质硫是_____色_____体。它_____溶于水,_____溶于二硫化碳。

2. 二氧化硫是一种_____色_____气味的_____毒_____体,它与水反应生成_____,在相同的条件下,生成的_____又容易分解成_____和_____,这样的反应叫作_____。

3. 下列现象反映了硫酸的哪些性质?

(1)把浓硫酸滴入放在蒸发皿里的蔗糖($C_{12}H_{22}O_{11}$)上,蔗糖就炭化变黑,表现出

_____。

（2）把浓硫酸露置空气里，质量会增加，表现出_____。

（3）把锌粒放入稀硫酸里，会产生氢气，表现出_____。

（4）把铜片放入浓硫酸里并加热，会产生二氧化硫，表现出_____。

4. 有气体① H_2、② NH_3、③ H_2S、④ N_2、⑤ CH_4、⑥ O_2、⑦ Cl_2、⑧ HCl，可能用浓 H_2SO_4 作干燥剂的是_____。

二、选择题

5. 下列物质不能使品红溶液褪色的是（　　　）。

　　A. SO_2　　　　　　B. Cl_2　　　　　　C. O_3　　　　　　D. CO_2

6. 你认为减少酸雨产生的途径可采取的措施是（　　　）。

　　① 少用煤做燃料；② 把工厂烟囱造高；③ 燃料脱硫；④ 在已酸化的土壤中加石灰；⑤ 开发新能源。

　　A. ①②③　　　　　B. ②③④⑤　　　　C. ①③⑤　　　　D. ①③④⑤

7. 下列关于浓硫酸叙述正确的是（　　　）。

　　A. 浓硫酸具有吸水性，因而能使蔗糖炭化

　　B. 浓硫酸在常温下可迅速与铜片反应放出 SO_2 气体

　　C. 浓硫酸是一种干燥剂，能够干燥 NH_3，H_2 等气体

　　D. 浓硫酸在常温下能够使铁、铝等金属钝化

8. 下列说法正确的是（　　　）。

　　A. SO_2 能使 $FeCl_3$、$KMnO_4$ 水溶液颜色变化

　　B. 可以用澄清石灰水鉴别 SO_2 和 CO_2

　　C. 硫粉在过量的纯氧中燃烧可以生成 SO_3

　　D. 少量 SO_2 通过浓的 $CaCl_2$ 溶液能生成白色沉淀

9. 下列关于硫及其化合物的说法中正确的是（　　　）。

　　A. 自然界中不存在游离态的硫

　　B. 二氧化硫的排放会导致光化学烟雾的产生

　　C. 浓硫酸可用来干燥 SO_2，CO，Cl_2 等气体

　　D. 二氧化硫能使滴有酚酞的氢氧化钠溶液褪色，体现了其漂白性

10. 根据硫元素的化合价判断下列物质中的硫元素不能表现氧化性的是（　　　）。

　　A. Na_2S　　　　　B. S　　　　　　C. SO_2　　　　　D. H_2SO_4

11. 某冶炼厂利用炼铜产生的 SO_2 生产硫酸，变废为宝，化害为利。其原理是（　　　）。

　　A. 利用了 SO_2 的水溶性，将 SO_2 直接通入水中

　　B. 利用了 SO_2 的氧化性，将 SO_2 直接通入水中

　　C. 利用了 SO_2 的氧化性，使其与 O_2 反应而转化为 SO_3，再与水反应

　　D. 利用了 SO_2 的还原性，使其与 O_2 反应而转化成 SO_3，再与水反应

12. 下列反应中 SO_2 被氧化的是（　　　）。

　　A. $SO_2 + 2NaOH \xlongequal{\quad} Na_2SO_3 + H_2O$

　　B. $2H_2S + SO_2 \xlongequal{\quad} 3S\downarrow + 2H_2O$

    C. $SO_2 + H_2O + Na_2SO_3 \xlongequal{} 2NaHSO_3$

    D. $Cl_2 + SO_2 + 2H_2O \xlongequal{} H_2SO_4 + 2HCl$

13. 在某无色溶液中,加入 $BaCl_2$ 溶液有白色沉淀,再加稀硝酸,沉淀不消失,则下列判断正确的是(　　)。

    A. 一定有 SO_4^{2-} B. 一定有 CO_3^{2-}

    C. 一定有 Ag^+ D. 可能有 SO_4^{2-} 或 Ag^+

三、综合题

14. 某有色金属冶炼厂排放的废气中含有 SO_2,先用石灰浆液吸收,然后利用空气中的氧气将产物继续氧化成石膏。写出反应的两个化学方程式。

15. 写出下列转化的化学方程式,并指出哪些是氧化还原反应。

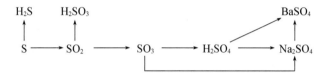

16. 在防治和减少酸雨形成方面我们应做些什么?

本章小结

一、碳及其化合物

    自然界中的碳元素有多种同素异形体,它们由于内部微观结构的不同而具有完全不同的性质。

    一氧化碳和二氧化碳是碳的主要氧化物。碳酸盐与碳酸氢盐在溶解度、与酸的反应速度、稳定性等方面具有差别并且可以相互转化。

二、硅及其化合物

    晶体硅是一种有金属光泽的非金属材料。石英、水晶、硅藻土等的主要成分都是二氧化硅,它们化学性质都不活泼。

三、氮及其化合物

    1. 氮的性质不活泼,特定条件下能跟氧、氢等反应。氮的主要氧化物有一氧化氮和二氧化氮。

    2. 氨容易液化,并且极易溶于水。氨水具有弱碱性。氨跟酸起反应生成铵盐。氨的催化氧化生成一氧化氮。

    3. 硝酸除具有酸的通性外,还具有以下特性:不稳定性和强氧化性。

四、硫及其化合物

    1. 硫能与金属反应生成硫化物,也能跟氢气和氧气起反应。二氧化硫易溶于水,具有漂白性,它跟水起反应生成亚硫酸,经催化氧化生成三氧化硫。三氧化硫跟水剧烈化合而生成硫酸。

    2. 稀硫酸具有酸的通性。浓硫酸的特性是吸水性、脱水性和氧化性。

章节测试

一、选择题

1. 大气中 CO_2 含量的增加会加剧"温室效应"。下列活动会导致大气中 CO_2 含量增加的是(　　)。

    A. 燃烧煤炭供热　　　　　　　　B. 利用风力发电

    C. 增加植被面积　　　　　　　　D. 节约用水用电

2. 下列物质中主要成分不是二氧化硅的是(　　)。

    A. 黄沙　　　　　B. 大理石　　　　　C. 石英　　　　　D. 水晶

3. 下列叙述中,不属于氮的固定的方法是(　　)。

    A. 根瘤菌把氮气变为硝酸盐　　　B. 氮气和氢气合成氨

    C. 从液态空气中分离氮气　　　　D. 氮气和氧气合成一氧化氮

4. 下列物质中可用于制备超导材料的是(　　)。

    A. 金刚石　　　　B. 石墨　　　　　C. C_{60}　　　　　D. 活性炭

5. 下列物质不能发生反应的是(　　)。

    A. SiO_2 和 CaO(高温)　　　　　　B. SiO_2 和 $NaOH$(常温)

    C. SiO_2 和 C(高温)　　　　　　　D. SiO_2 和浓 HNO_3(常温)

6. 都能用来进行喷泉实验的气体是(　　)。

    A. HCl 和 CO_2　　B. NH_3 和 CH_4　　C. SO_2 和 CO　　D. NO_2 和 NH_3

7. 下列关于 N_2 性质的叙述错误的是(　　)。

    A. 任何物质在氮气中都不能燃烧

    B. 氮气既具有氧化性,又具有还原性

    C. 将空气中的氮气转变成含氮化合物属于氮的固定

    D. 氮气与氧气在一定条件下反应生成一氧化氮

8. 下列物质的变化,不能通过一步化学反应完成的是(　　)。

    A. $CO_2 \longrightarrow H_2CO_3$　　　　　　B. $SiO_2 \longrightarrow Na_2SiO_3$

    C. $Na_2O_2 \longrightarrow Na_2CO_3$　　　　　D. $SiO_2 \longrightarrow H_2SiO_3$

9. 下列不属于铵盐的共有性质的是(　　)。

    A. 都是晶体　　　　　　　　　　B. 都能溶于水

    C. 常温时易分解　　　　　　　　D. 都能跟碱起反应放出氨气

10. 关于二氧化硫和二氧化氮叙述正确的是(　　)。

    A. 两种气体都具有强氧化性,因此都能够使品红溶液褪色

    B. 两种气体溶于水都可以与水反应,且只生成相应的酸

    C. 两种气体都是无色有毒的气体,且都可用水吸收以消除对空气的污染

    D. 二氧化硫与过量的二氧化氮混合后通入水中能得到两种常用的强酸

11. 下列物质中,常温下能起反应产生气体的是(　　)。

    A. 铁与浓硫酸　　　　　　　　　B. 铝与浓硫酸

C. 铜与稀盐酸　　　　　　　　　　　　　D. 铜与浓硫酸

12. 在常温下,下列物质可盛放在铁制容器或铝制容器中的是(　　)。

　　A. 盐酸　　　　　　B. 稀硫酸　　　　　　C. 浓硫酸　　　　　　D. 硫酸铜溶液

13. 下列反应及用途所体现的浓硫酸的性质错误的是(　　)。

　　A. 将浓硫酸滴到蔗糖上,蔗糖变黑并膨胀,表现浓硫酸的脱水性

　　B. 常温下,用铁制容器盛浓硫酸,表现浓硫酸的强氧化性

　　C. 铜与浓硫酸共热,只表现浓硫酸的强氧化性

　　D. 碳与浓硫酸共热,只表现浓硫酸的强氧化性

14. 下列酸溶液不具有氧化性的是(　　)。

　　A. 浓盐酸　　　　　　B. 浓硝酸　　　　　　C. 浓硫酸　　　　　　D. 稀硝酸

15. 近年来,环境问题越来越引起人们的重视。温室效应、酸雨、臭氧层破坏、赤潮等已经给我们赖以生存的环境带来较大的影响。其中造成酸雨的主要有害物质是(　　)。

　　A. CO_2

　　B. 硫和氮的氧化物

　　C. 含氟化合物

　　D. 化肥和含磷洗衣粉的使用及其污水的排放

16. 为了检验某溶液中是否含有 SO_4^{2-},下列操作最合理的是(　　)。

　　A. 先用盐酸酸化,再加 $BaCl_2$ 溶液　　　　　B. 先用硝酸酸化,再加 $BaCl_2$ 溶液

　　C. 加入用硝酸酸化的 $BaCl_2$ 溶液　　　　　D. 先用盐酸酸化,再加 $Ba(NO_3)_2$ 溶液

17. 铜粉放入稀硫酸中,加热后无明显现象发生。当加入下列一种物质后,铜粉的质量减少,溶液呈蓝色,同时有气体逸出,该物质是(　　)。

　　A. $Al_2(SO_4)_3$　　　　　B. Na_2CO_3　　　　　C. KNO_3　　　　　D. $FeSO_4$

二、推断题

18. 有一无色混合气体,可能由 CO_2、HCl、NO、NO_2、NH_3、O_2 中的某几种混合而成,进行如下实验:

　　(1) 将混合气体通过浓硫酸时,气体体积明显减少;

　　(2) 再通过碱石灰时,气体体积又减少;

　　(3) 剩余的气体与空气接触,立即变成红棕色。

　　由上述实验判断,该混合气体中一定存在哪些气体,一定不存在哪些气体?

19. 某物质 A 为白色粉末,易溶于水。向 A 溶液中加入 $AgNO_3$ 溶液,产生白色沉淀,再加入稀硝酸,沉淀不溶解。另取少量 A 物质的溶液,加入 $NaOH$ 溶液,并加热,产生有刺激性气味的气体,该气体能使湿润的红色石蕊试纸变蓝。判断 A 是什么物质? 写出有关反应的化学方程式。

20. 实验室用化合物 A 模拟工业上制备含氧酸 D 的过程如下所示,已知 D 为强酸,请回答下列问题。

$$A \xrightarrow{O_2} B \xrightarrow{O_2} C \xrightarrow{H_2O} D$$

　　(1) 若 A 在常温下为固体,B 是能使品红溶液退色的有刺激性气味的无色气体。

① D 的化学式是＿＿＿＿＿＿＿＿＿＿，B→C 的反应方程式为＿＿＿＿＿＿＿＿＿

＿＿＿＿＿＿＿＿＿；

② 在工业生产中，B 气体的大量排放被雨水吸收后形成了＿＿＿＿＿＿＿＿而污染了环境，D 的浓溶液与木炭反应的化学方程式为＿＿＿＿＿＿＿＿＿＿＿＿＿＿＿。

（2）若 A 是空气中的主要成分，C 是红棕色的气体。

① A 的化学式是＿＿＿＿＿＿＿＿＿＿，C 的化学式是＿＿＿＿＿＿＿＿＿＿＿，写出 A→B 的化学反应方程式：＿＿＿＿＿＿＿＿＿＿＿＿＿＿＿＿＿；

② D 的浓溶液在常温下可与铜反应并生成 C 气体，反应的化学方程式是＿＿＿＿＿＿＿＿＿＿＿＿＿＿，该反应＿＿＿＿＿＿＿＿＿（填"属于"或"不属于"）氧化还原反应。

三、计算题

21. 取 100 g 碳酸钠和硫酸钠的混合溶液，加入过量的氯化钡溶液后得到 29.02 g 白色沉淀，用过量的稀硝酸处理后沉淀量减少到 9.32 g，并有气体放出。计算原混合溶液中硫酸钠的质量分数？

22. 25.6 g Cu 跟足量浓硫酸充分反应，求反应完毕后收集到的气体在标准状况下的体积。

23. 从沙子（主要成分是二氧化硅）中制取高纯硅有三步。第一步是制取粗硅，粗硅中含有未反应完全的杂质碳；第二步是将粗硅转化为 $SiCl_4$，$SiCl_4$ 沸点较低，将其加热到五十多摄氏度，就转化为气体，和杂质碳分离；第三步是用还原剂把 $SiCl_4$ 还原为纯净单质硅。它们的化学反应方程式分别是：$SiO_2 + 2C \xrightarrow{\text{高温}} Si + 2CO\uparrow$；$Si + 2Cl_2 \xrightarrow{\text{高温}} SiCl_4$；$SiCl_4 + 2H_2 \xrightarrow{\text{高温}} Si + 4HCl$。

请计算：制备 150 克高纯硅至少需要多少克沙子？（沙子含二氧化硅 96%）

24. 在反应：$3Cu + 8HNO_3(\text{稀}) == 3Cu(NO_3)_2 + 2NO\uparrow + 4H_2O$ 中，若有 96 g Cu 参加反应，

（1）则标准状况下生成的 NO 的体积为多少升？

（2）求被还原的 HNO_3 的物质的量？

第三章　化学反应与能量

　　化学反应发生时常伴随能量变化。化学能可以转化为热能、光能和电能等多种形式的能量。人们利用化学反应,有时是为了制取新的物质,有时是为了利用化学反应所释放出来的能量。如煤、石油发生化学反应释放出来的热量是当今人类利用的主要能源。研究化学反应中的能量转化及其规律,具有十分重要的意义。

知 识 树 ▶

化学反应与能量 {
　　化学键
　　化学反应能量
　　原电池与电解池
　　化学反应的快慢和限度
}

第一节　化学键

一、化学键与物质变化

　　参与化学反应的基本单元是分子,分子由原子构成。破坏分子需要很高的能量,如使氢分子分解成氢原子需要加热到 2 000 ℃,但其分解率仍不到 1%。这说明组成氢分子的两个氢原子之间存在着强烈的相互作用。实验测得,要破坏这种作用需消耗 436 kJ/mol 的能量。这种强烈的相互作用不仅存在于直接相邻的两个原子间,也存在于分子内非直接相邻的多个原子之间,但前者较强烈,破坏它要消耗更多能量,是原子形成分子的主要因素。人们把分子中相邻原子间强烈的相互作用称为化学键。

　　从化学键角度来说,化学反应中物质发生变化的实质就是旧化学键的断裂和新化学键的生成。

二、化学键的类型

　　目前人们认为化学键的主要类型有离子键、共价键等。

1. 离子键与离子化合物

金属钠在氯气中燃烧就可以生成氯化钠。在这一过程中，存在于钠单质和氯单质中旧的化学键断裂，钠原子与氯原子间形成了新的化学键，这一过程是如何进行的呢？

钠原子的最外层有 1 个电子，容易失去，氯原子的最外电子层有 7 个电子，容易结合 1 个电子，从而使最外层达到 8 个电子的稳定结构。当钠跟氯气作用时，钠原子最外层电子层的 1 个电子转移到氯原子的最外层电子层上，形成带正电的钠离子（Na^+）和带负电的氯离子（Cl^-）。钠离子和氯离子之间除了有相互吸引的静电作用外，还有电子与电子、原子核与原子核之间的相互排斥作用。当两种离子接近到一定距离时，吸引和排斥作用达到平衡，于是阴、阳离子之间就形成了稳定的化学键。

像氯化钠这样，阴、阳离子间通过静电作用形成的化学键叫作离子键。

在化学反应中，一般是原子的最外层电子发生变化。为了简便起见，我们可以在元素符号周围用小黑点（或×）来表示原子的最外层电子，这种式子叫作电子式。氯化钠的生成可以用电子式表示如下：

$$Na\times + \cdot \ddot{\underset{\cdot\cdot}{Cl}} : \longrightarrow Na^+ \left[\overset{\cdot\cdot}{\underset{\cdot\cdot}{\times}} Cl : \right]^-$$

活泼金属（如钾、钙、钠、镁、铝等）原子容易失去最外层电子，而活泼的非金属（如氟、氯、氧等）原子容易结合电子。当它们在一定条件下发生反应时，通常形成离子键。由离子键结合成的化合物叫离子化合物。强碱和大多数盐都是离子化合物。

阴、阳离子间的静电作用力是很强的，所以离子化合物有其自身的特点：① 室温下多呈固态、硬而脆。② 大多数有较高的熔、沸点，如 NaCl 的熔点是 801 ℃，MgO 的熔点是 2 852 ℃。这是因为要使离子化合物熔化就要破坏离子键，需要较多的能量，所以要加热到较高温度。③ 大多数离子化合物易溶于水，熔融状态下可以导电。离子化合物在固态时虽然有阴、阳离子，但离子不能自由移动，因此不能导电，只有在溶于水或熔化时离子才能自由移动而导电。

2. 共价键与共价化合物

氢气在氯气中燃烧可以化合成氯化氢分子。氢原子与氯原子结合的过程是否也像氯化钠一样，电子从一个原子转移到另外一个原子呢？

由于氯原子和氢原子都不愿失去电子，但又都希望达到最外层 8 个电子和 2 个电子的稳定结构。于是氢原子与氯原子共用一对电子，这对电子受氢原子核和氯原子核的共同吸引，使氢原子和氯原子形成氯化氢分子。氯化氢的生成可用电子式表示：

$$H\times + \cdot \ddot{\underset{\cdot\cdot}{Cl}} : \longrightarrow H\overset{\times}{\underset{}{}} \ddot{\underset{\cdot\cdot}{Cl}} :$$

像氯化氢这样，原子间通过共用电子对形成的化学键，叫作共价键。以共价键结合的化合物叫作共价化合物。

在化学上常用一根短线"—"来表示一对共用电子，因此可以将氯化氢分子表示为"H—Cl"。

氢气分子的形成过程与氯化氢相似，一个氢原子核外只有一个电子，当两个氢原子共用它们的电子时，一个氢分子就形成了。

$$H \cdot + \cdot H \longrightarrow H : H$$

同种或不同种非金属元素形成化合物(或单质)时易形成共价键(稀有气体元素除外)。由共价键形成的共价分子既有单质(如 H_2、F_2、Cl_2、Br_2、I_2、O_3 等),又有化合物(如 H_2O、CO_2、HCl、HI、NH_3 等)。

3. 极性键与非极性键

科学研究表明,H_2 分子中的共价键和 HCl 分子中的共价键是有区别的。在 HCl 分子中,H 原子与 Cl 原子虽然共用一对电子,但由于 Cl 原子吸引电子的能力大于 H 原子,H—Cl 键的共用电子对就偏向于 Cl 原子一端,而远离 H 原子。这使得 HCl 分子中 Cl 原子一端显负电性,而 H 原子一端显正电性。这种由不同种原子形成的共价键,共用电子对偏向吸引电子能力较强的一方,叫作极性共价键,简称极性键。例如 HI、H_2O 等分子含有的为极性键。

而在 H_2 分子中,两个成键的 H 原子对共用电子对的吸引能力是相等的,共用电子对不偏向任何一个原子,成键原子不显电性。这种由同种原子形成的共价键,共用电子对不偏向任何一个原子,叫作非极性共价键,简称非极性键。例如 F_2、Cl_2、O_2、I_2、N_2 等分子中含有的为非极性键。

三、极性分子与非极性分子

以非极性键结合的分子或极性键结合的多原子分子,只要分子结构对称,电荷分布均匀,就叫作非极性分子。如 F_2、O_2、P_4、O_3 等以非极性键结合的分子,CO_2、CH_4 等以极性键结合的多原子分子都是非极性分子。以极性键结合的双原子或多原子分子,只要分子结构不对称,电荷分布不均匀,就叫作极性分子。如 HCl、HI 等双原子分子,NH_3、H_2O 等多原子分子就是极性分子。

虽然分子中原子间的共价键能量很大,但是分子间的吸引力不够强,所以共价分子在室温下大多为气体或液体,也有少量固体,但其熔、沸点通常较低,如 I_2。大多数共价化合物的导电性较差,这是因为它们没有可以自由移动的带电粒子。另外,多数共价非极性分子不易溶于水,如 H_2、甲烷(CH_4)、四氯化碳(CCl_4)等;但少数极性共价分子是易溶于水的,如氯化氢(HCl)、氨气(NH_3)、氟化氢(HF)等。一般来说,极性分子易溶于极性溶剂,非极性分子易溶于非极性溶剂,这就是通常所说的相似相溶原理。

思考与练习

一、选择题

1. 下列关于化学键的说法,正确的是( )。

    A. 任何相邻的两个原子都能形成化学键

    B. 原子间的相互作用都是化学键

    C. 相邻的原子之间强烈的相互作用叫化学键

    D. 化学键是相邻的原子之间强烈的吸引作用

2. 下列物质中不存在共价键的是（   ）。

    A. CO_2 B. $NaOH$ C. $BaCl_2$ D. $NaNO_3$

3. 下列有关叙述中，不正确的是（   ）。

    A. 共价化合物中可能含有离子键   B. 离子化合物中可能含有共价键

    C. 离子化合物中一定含有离子键   D. 共价化合物中不含离子键

4. 下列各组原子序数所表示的两种元素，能形成 AB_2 型离子化合物的是（   ）。

    A. 6 和 8   B. 11 和 13   C. 11 和 16   D. 12 和 17

5. 下列微粒中，既含有离子键又含有共价键的是（   ）。

    A. $Ca(OH)_2$ B. H_2O_2 C. Na_2O D. $MgCl_2$

6. 下列过程中，共价键被破坏的是（   ）。

    A. 碘晶体升华   B. 溴蒸气被木炭吸附

    C. 酒精溶于水   D. HCl 气体溶于水

7. 下列说法正确的是（   ）。

    A. HCl 溶于水能导电，所以 HCl 为离子化合物

    B. 熔融状态下不能导电的物质一定是共价化合物

    C. 化学物质都由共价键或离子键结合而成

    D. Na_2O 溶于水既有极性共价键的断裂又有极性共价键的形成

8. 下列物质的分子，共价键数目最多的是（   ）。

    A. CH_4 B. NH_3 C. H_2O D. N_2

二、填空题

9. 用电子式表示下列粒子的形成过程。

（1）Cl_2 _____

（2）N_2 _____

（3）Na_2O _____

（4）$MgCl_2$ _____

（5）Na_2O_2 _____

10. 判断并写出下列微粒符号：

（1）含 10 个电子的阳离子：_____

（2）含 10 个电子的阴离子：_____

（3）含 10 个电子的化合物分子：_____

11. W、X、Y、Z 为短周期内除稀有气体外的 4 种元素，它们的原子序数依次增大，其中只有 Y 为金属元素。Y 和 W 的最外层电子数相等。Y、Z 两元素原子的质子数之和为 W、X 两元素质子数之和的 3 倍。由此可知：

（1）写出元素符号：W 为_____，X 为_____，Y 为_____，Z 为_____。

（2）W_2Z 是由_____键组成的分子，其电子式为_____。

（3）由 Y、X、W 组成的物质中有_____键和_____键组成的化合物。

第二节 化学反应中的能量变化

人类所需的大部分能量是由化学反应产生的。化学反应中能量的变化通常表现为化学能与热能之间的转化。

一、反应热

化学反应常常伴有吸热或放热现象。在化学反应过程中吸收或放出的热量,通常称为化学反应热效应,简称反应热。

参与化学反应的各种物质所具有的能量是不同的(图 3-1),如果反应物具有的总能量高于生成物所具有的总能量,在发生化学反应时一部分能量就可以以热能的形式放出,这就是放热反应。例如,碳燃烧过程中放出大量的热量。反之,如果反应物的总能量低于生成物的总能量,反应物就要吸收能量才能转化为生成物,这就是吸热反应。例如,碳酸氢钠的分解反应,需要从外界吸收热量。与此类似的分解反应一般为吸热反应。

因此,化学反应的过程可以看作是"贮存"在物质内部的能量转化为热能放出,或热能转化为物质内部的能量被"贮存"起来的过程。那么"贮存"在物质内部的能量又是什么呢?

化学反应中,反应物的化学键要断裂,会生成一些新的化学键以形成产物。例如氢气与氧气生成水的化学反应中,H_2 分子中含有的 H—H 键和 O_2 分子中含有的 O—O 键要断裂,H、O 间形成 H—O 键以生成 H_2O 分子,其中 H—H 键和 O—O 键的断裂需要克服原子间的相互作用,需要吸收能量,而 H—O 键的形成又要放出能量。如果反应物化学键断裂需要的能量小于生成物化学键形成所放出的能量,这就是放热反应。反之,则是吸热反应。化学反应的热效应主要就是反映由化学键的断裂和生成所引起的热量变化。

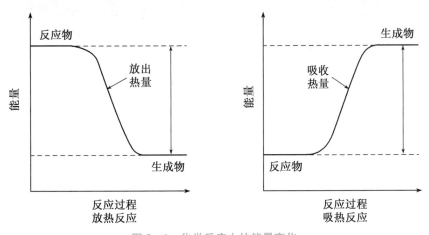

图 3-1　化学反应中的能量变化

煤、石油、天然气等矿物能源的燃烧都会放出热量,这就是将燃料物质贮存的化学能转化为热能的过程。

二、燃烧和爆炸

1. 燃烧

化学反应中的能量变化,不仅表现为化学能转化为热能,化学能也可以转化为光能。燃烧就是一种可燃物和助燃剂间发生的发光发热的剧烈的化学反应。燃烧的发生有三个基本要素:可燃物、助燃剂和温度。

图 3 - 2　天然气的燃烧

可燃物,即含有碳、氢等元素的能够燃烧的物质,如煤、汽油、液化气等。在特定条件下,可燃物还包括强还原剂,如金属镁、金属铝等;助燃剂最常见的就是空气中的氧气,还有其他一些能够使物质迅速氧化的强氧化剂,如氟、氯等也可引起燃烧反应;温度,是燃烧的必要条件。只有使可燃物被加热到燃点(即可燃物着火并继续燃烧的最低温度)或整个体系被加热到自燃点,燃烧才会发生(图 3-2)。明火,如打火机、电火花等能使可燃物内部温度升高至燃点,引起燃烧。某些化学反应所积聚的能量也可使物质温度升高达到燃点而燃烧。

2. 爆炸

在有限的空间中气体体积急剧膨胀便引起爆炸。爆炸反应常伴随有发光和放热现象。

图 3 - 3　化学反应产生的爆炸

有些爆炸是由于物理变化引起的,如锅炉爆炸通常是由于锅炉使用过程中导出水蒸气的管道发生堵塞,产生的水蒸气不断聚集,压强不断增大,最终锅炉无法承受水蒸气造成的巨大压力而发生爆炸。有些爆炸是由于化学反应引起的,如一些可燃物与氧气(或空气)混合,达到某种浓度(爆炸极限)后,一经点火就会产生比燃烧更剧烈的化学反应——爆炸(图 3-3)。

一种可燃气体或蒸气与空气的混合物能发生爆炸的浓度范围,就是这种气体或蒸气在空气中的爆炸极限或爆炸浓度极限。在此范围内,混合物遇到明火就会爆炸。氢气的爆炸极限为 $4.0\%\sim75.6\%$(体积浓度)。生活中使用的天然气的爆炸极限为 $5\%\sim15\%$,当天然气在空气中的浓度为 $5\%\sim15\%$ 时,遇明火即可发生爆炸。因此,在可燃物的生产、储存、运输和使用时,都必须注意其爆炸极限,以保证安全。

光能也可以转化为化学能,其中植物的光合作用最为典型。在现代科学技术领域,化学能与光能的相互转化是非常重要的研究课题,这方面的研究对于光化学电池、太阳能分解水制氢等高新技术的发展具有重要意义。

思考与练习

一、选择题

1. 下列措施可以提高燃料燃烧效果的是(　　)。
   ① 固体燃料粉碎;② 液体燃料雾化;③ 煤经气化处理;④ 通入足量的空气。
   A. ①③　　　　　　　B. ①②　　　　　　　C. ①③④　　　　　　D. 以上全部

2. 关于吸热反应的说法正确的是(　　)。
   A. CO_2 与 CaO 化合是放热反应,则 $CaCO_3$ 分解是吸热反应
   B. 只有分解反应才是吸热反应
   C. 使用催化剂的反应是吸热反应
   D. 凡需加热的反应一定是吸热反应

3. 对于放热反应 $2H_2+O_2 \xrightarrow{\text{点燃}} 2H_2O$,下列说法正确的是(　　)。
   A. 产物 H_2O 所具有的总能量高于反应物 H_2 和 O_2 所具有的总能量
   B. 反应物 H_2 和 O_2 所具有的总能量高于产物 H_2O 所具有的总能量
   C. 反应物 H_2 和 O_2 所具有的总能量等于产物 H_2O 所具有的总能量
   D. 反应物 H_2 和 O_2 所有的能量相等

4. 下列反应既属于氧化还原反应,又属于吸热反应的是(　　)。
   A. 灼热的炭与 CO_2 的反应
   B. $Ba(OH)_2 \cdot 8H_2O$ 与 NH_4Cl 的反应
   C. 铝片与稀盐酸的反应
   D. 甲烷在氧气中的燃烧反应

5. 天然气和液化石油气燃烧的主要化学方程式分别为 $CH_4+2O_2 \xrightarrow{\text{点燃}} CO_2+2H_2O$, $C_3H_8+5O_2 \xrightarrow{\text{点燃}} 3CO_2+4H_2O$。现有一套以天然气为燃料的灶具,今改为烧液化石油气,应采用正确措施是(　　)。
   　　A. 减少空气进入量,增大石油气进气量
   　　B. 增大空气进入量,减少石油气进气量
   　　C. 减少空气进入量,减少石油气进气量
   　　D. 增大空气进入量,增大石油气进气量

6. 下列关于能量转换的认识中不正确的是(　　)。
   A. 电解水生成氢气和氧气时,电能转变成化学能
   B. 白炽灯工作时电能全部转化成光能
   C. 绿色植物光合作用过程中太阳能转变成化学能
   D. 煤燃烧时化学能主要转变成热能

二、填空题

7. 燃烧发生的三个基本要素:_____、_____和_____。

8. 下列变化属于吸热反应的是:_____。

① 液态水汽化;②将胆矾加热变为白色粉末;③ 浓硫酸稀释;④ 氯酸钾分解制氧气;⑤ 生石灰与水反应生成熟石灰。

9. 氢能是发展中的新能源,它的利用包括氢的制备、储存和应用三个环节。回答下列问题:

(1)与汽油相比,氢气作为燃料的优点是＿＿＿＿＿＿＿＿＿＿＿＿＿＿＿＿＿＿＿＿＿＿＿。(至少两点)。

(2)利用太阳能直接分解水制氢,是最具吸引力的制氢途径,其能量转化形式为＿＿＿＿＿＿＿＿＿＿＿＿＿＿＿＿＿＿＿＿＿＿。

第三节　原电池与电解池

人们除了利用化学反应获取能量,还利用化学反应产生电能或将电能转化成化学能"贮存"起来。电池就是将化学能转化为电能的装置。

一、原电池

电流的本质是电子定向移动,氧化还原反应中有电子得失,控制一定的条件就可能利用化学反应产生电子流动,从而将化学能转化为电能。

实验 3 - 1

将铜片、锌片插入稀硫酸中,用导线将铜片、锌片连接起来,接入一只电流表,观察发生的现象(图 3-4)。

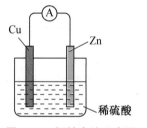

图 3-4　铜锌电池示意图

铜片与锌片共同浸入稀硫酸时,由于金属锌比铜活泼,锌原子容易失去电子被氧化成 Zn^{2+} 进入溶液,锌片上的电子通过导线流向铜片,溶液中的 H^+ 从铜片获得电子被还原形成氢原子,氢原子再结合成氢气分子从铜片上逸出。这一氧化还原反应中电子不直接从还原剂转移到氧化剂,而是通过外电路进行传递,电子进行有规则的流动,从而产生电流。电流表发生偏转,实现由化学能向电能的转变。

通常把电子流出(即发生氧化反应)的极称为负极;把电子流向(即发生还原反应)的极称为正极。实际上,两个不同的金属插入电解质溶液中就可能产生电流。

二、电解池

电解池可以将电能转化为化学能,电池充电、电解、电镀等就是将电能转化为化学能的过程。

实验 3-2

将两根石墨棒、一只电流表和低压直流电源串联起来,将石墨棒插入 U 形管里的 $CuCl_2$ 溶液内,接通电源(图 3-5)。把湿润的碘化钾淀粉试纸放在与电源正极相连的电极附近。观察现象,约 5 min 后切断电源。

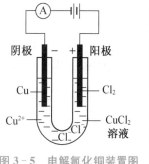

图 3-5 电解氯化铜装置图

实验中电流表的指针发生偏转;阴极石墨棒周围 $CuCl_2$ 溶液绿色变深,阳极石墨棒周围 $CuCl_2$ 溶液绿色变浅。阴极石墨棒上逐渐覆盖了一层红色固体,阳极石墨棒上有气泡放出,并可闻到刺激性的气味,同时看到湿润的碘化钾淀粉试纸变为蓝色。

为什么会发生这种现象呢? 原来,通电之前 Cu^{2+} 和 Cl^- 在水里自由地移动着;通电后,这些自由移动着的离子,在电场作用下,改做定向移动。溶液中带正电的 Cu^{2+} 和 H^+ 向阴极移动,带负电的 Cl^- 和 OH^- 向阳极移动。在这样的实验条件下 Cu^{2+} 比 H^+ 容易得到电子,所以 Cu^{2+} 获得电子而还原成铜原子覆盖在阴极上;Cl^- 比 OH^- 容易失去电子,所以 Cl^- 在阳极上失去电子,生成氯气。

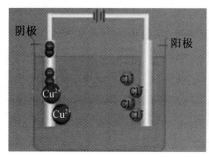 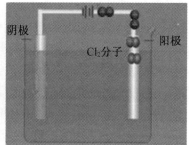

图 3-6 电解氯化铜原理

知识链接

神奇的水果

苹果、柠檬、石榴等生活中常见的水果除了可以食用之外,还可以有其他的用途吗?

学习完本节知识,我们知道电流的本质是电子定向移动,氧化还原反应中有电子得失,控制一定的条件就可能利用化学反应产生电子流动,从而将化学能转化为电能。如果将水果连接起来,会产生电流,从而形成水果电池吗? 答案是可以的。

水果电池(图 3-7)的发电原理是：两种金属片的电化学活性是不一样的，其中更活泼的金属片能置换出水果中酸性物质的氢离子，由于产生了正电荷(或者说是因为产生了电场)，整个系统需要保持稳定，所以在组成原电池的情况下，由电子从回路中保持系统的稳定，这样理论上来说电流大小直接和果酸浓度相关(如果表达为一个函数关系，这个函数其实和离子强度有定量关系，和离子浓度有定性的关系)。在此情况下，如果回路的长度改变，势必造成回路的改变，所以也会造成电压的改变。

图 3-7　水果电池

思考与练习

一、选择题

1. 埋在地下的铸铁输油管道，在下列各种情况下，被腐蚀速率最慢的是(　　　)。
   A. 在含铁元素较多的酸性土壤中
   B. 在潮湿疏松的碱性土壤中
   C. 在干燥致密不透气的土壤中
   D. 在含碳粒较多，潮湿透气的中性土壤中

2. 电解 $CuSO_4$ 和 NaCl 的混合溶液，开始阴极和阳极上分别析出的物质是(　　　)。
   A. H_2 和 Cl_2　　　B. Cu 和 Cl_2　　　C. H_2 和 O_2　　　D. Cu 和 O_2

3. 下列关于实验现象的描述不正确的是(　　　)。
   A. 把铜片和铁片紧靠在一起浸入稀硫酸中，铜片表面出现气泡
   B. 用锌片作负极，铜片作正极，在 $CuSO_4$ 溶液中，铜片质量增加
   C. 把铜片插入三氯化铁溶液中，在铜片表面出现一层铁
   D. 把锌粒放入盛有盐酸的试管中，加入几滴氯化铜溶液，气泡放出的速率加快

4. 在原电池和电解池的电极上所发生的反应，同属氧化反应或还原反应的是(　　　)。
   ① 原电池的正极和电解池的阳极所发生的反应
   ② 原电池的阳极和电解池的负极所发生的反应
   ③ 原电池的负极和电解池的阳极所发生的反应
   ④ 原电池的负极和电解池的阴极所发生的反应
   A. ①②　　　　B. ①④　　　　C. ②③　　　　D. ③④

5. 镍-镉可充电电池，电极材料是 Cd 和 NiO(OH)，电解质是 KOH，电极反应式是
$Cd+2OH^--2e^-\!=\!\!=\!Cd(OH)_2$，$2NiO(OH)+2H_2O+2e^-\!=\!\!=\!2Ni(OH)_2+2OH^-$。下列说法不正确的是(　　　)。

A. 电池放电时,电池负极周围溶液的 pH 不断增大

B. 电池的总反应式是 $Cd + 2NiO(OH) + 2H_2O === 2Ni(OH)_2 + Cd(OH)_2$

C. 电池充电时,镉元素被还原

D. 电池充电时,电池的正极和电源的正极连接

6. 以锌片和铜片为两极,以稀硫酸为电解质溶液组成原电池,当导线中通过 2 mol 电子时,下列说法正确的是( )。

A. 锌片溶解了 1 mol,铜片上析出 1 mol H_2

B. 两极上溶解和析出的物质的质量相等

C. 锌片溶解了 31 g,铜片上析出了 1 g H_2

D. 锌片溶解了 1 mol,硫酸消耗了 0.5 mol

7. 下列说法正确的是( )。

A. 碱性锌锰电池是二次电池

B. 铅蓄电池是一次电池

C. 二次电池又叫蓄电池,它放电后可以再充电使活性物质获得再生

D. 燃料电池的活性物质大量储存在电池内部

8. 锌锰干电池在放电时,电池总反应方程式可以表示为:$Zn + 2MnO_2 + 2NH_4^+ === Zn^{2+} + Mn_2O_3 + 2NH_3 + H_2O$,装置如图 3-8 所示。此电池放电时,在正极(碳棒)上发生反应的物质是( )。

A. Zn

B. MnO_2 和 NH_4^+

C. Zn^{2+} 和 NH_3

D. 碳

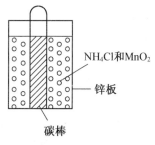

图 3-8 锌锰干电池装置示意图

9. 微型纽扣电池在现代生活中有广泛应用,有一种银锌电池,其电极分别是 Ag_2O 和 Zn,电解质溶液为 KOH 溶液,电极反应式为:

$$Zn + 2OH^- - 2e^- === ZnO + H_2O$$
$$Ag_2O + H_2O + 2e^- === 2Ag + 2OH^-$$

总反应为 $Ag_2O + Zn === ZnO + 2Ag$,根据上述反应式,判断下列叙述中正确的是( )。

A. 在使用过程中,电池负极区溶液的 pH 增大

B. 在使用过程中,电子由 Ag_2O 经外电路流向 Zn

C. Zn 是负极,Ag_2O 是正极

D. Zn 极发生还原反应,Ag_2O 极发生氧化反应

10. 锂电池是一代新型高能电池,它以质量轻、能量高而受到了普遍重视,目前已研制成功多种锂电池。某种锂电池的总反应方程式为 $Li + MnO_2 === LiMnO_2$,下列说法正确的是( )。

A. Li 是正极,电极反应为 $Li - e^- === Li^+$

B. Li 是负极,电极反应为 $Li - e^- === Li^+$

C. MnO_2 是负极，电极反应为 $MnO_2 + e^- \rightleftharpoons MnO_2$

D. Li 是负极，电极反应为 $Li - 2e^- \rightleftharpoons Li^{2+}$

11. 如图 3-9 中，x、y 分别是直流电源的两极，通电后发现 a 极板质量增加，b 极板处有无色无臭气体放出，符合这一情况的是（　　）。

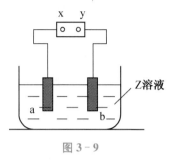

图 3-9

	a 极板	b 极板	x 电极	电解质溶液
A.	锌	石墨	负极	$CuSO_4$
B.	石墨	石墨	负极	$NaOH$
C.	银	铁	正极	$AgNO_3$
D.	铜	石墨	负极	$CuCl_2$

12. 在外界提供相同电量的条件下，Cu^{2+} 或 Ag^+ 分别按 $Cu^{2+} + 2e^- \longrightarrow Cu$，$Ag^+ + e^- \longrightarrow Ag$ 在电极上放电，若析出铜的质量为 1.92 g，则析出银的质量为（　　）。

A. 1.62 g　　　　B. 6.48 g　　　　C. 3.24 g　　　　D. 12.96 g

二、填空题

13. 用 A 元素的单质和 B 元素的单质可制成新型的化学电源，已在美国阿波罗宇宙飞船中使用。其构造如图 3-10 所示。

两个电极均由多孔型碳制成，通入的气体由孔隙中逸出，并在电极表面放电。

① a 是_____极，电极反应式为_____。

② b 是_____极，电极反应式为_____。

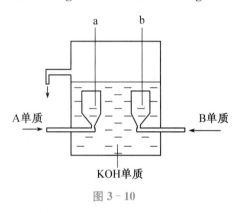

图 3-10

14. 有 A，B，C，D 四种金属，当 A 与 B 组成原电池时，电子流动方向 A→B；当 A 与 D 组成原电池时，A 为正极；B 与 E 构成原电池时，电极反应式为：$E^{2-} + 2e^- \rightleftharpoons E$，$B - 2e^- \rightleftharpoons B^{2+}$，则 A，B，D，E 金属性由强到弱的顺序为_____。

第四节　化学反应的快慢和限度

一、化学反应的速率

有些反应进行得很快，如矿井中的"瓦斯"爆炸就是在一定条件下，甲烷和氧气混合在极短的时间内快速反应，发生爆炸；而有些反应进行得很慢，如降解某些塑料需要几百年，而石油、煤的形成要经过百万年甚至更长的时间。不同化学反应进行的快慢不一样，这说明不同的化学反应具有不同的反应速率。

若炸药爆炸的速率不快，水泥的硬结速率很慢，它们就不会有大的用途了。相反，如果橡胶迅速老化变脆，钢铁很快腐蚀，它们也失去了应用的价值。研究化学反应速率有着重要的实际意义,人类可以通过研究和控制反应速率加速生产过程或延长产品的使用寿命,使人类生活得更好。

1. 反应速率的表示方法

通常用单位时间内反应物浓度的减少或生成物浓度的增加来表示反应速率。

例如,在 1 L 容器中 N_2 与 H_2 发生化学反应,开始时 N_2 浓度为 6 mol/L,H_2 浓度为 6 mol/L,2 分钟后再测,测得 NH_3 浓度为 2 mol/L,则该化学反应的速率可以这样计算:

$$N_2+3H_2\rule[0.5ex]{2em}{0.4pt}2NH_3$$

开始时　6 mol　6 mol　　0 mol

2 min 后 5 mol　3 mol　　2 mol

以 H_2 的浓度变化算出的化学反应速率为:

$$v(H_2)=(6-3)/2=1.5\ \text{mol/(L·min)}$$

同理,可以计算以 N_2、NH_3 的浓度变化表示的化学反应速率分别为 0.5 mol/(L·min) 和 1.0 mol/(L·min)。

可以看出,对同一化学反应,用不同物质的浓度变化计算出的化学反应速率具体数值不同,它们之间的数值比恰好为化学反应方程式中的系数之比。

2. 条件对化学反应速率的影响

不同的化学反应具有不同的反应速率,这说明参加反应的物质的性质是决定化学反应速率的重要因素。但经验告诉我们其他外在因素也可以影响化学反应的快慢。

实验 3 - 3

将一小块木炭放在燃烧匙中,在空气里点燃,观察现象;再将其插入到充满氧气的集气瓶中,观察现象。对比实验现象推测反应物浓度对化学反应速率的影响。

实验说明,氧气的浓度越_____,反应速率越_____。

实验 3 - 4

将碳酸氢钠粉末放入试管中,观察现象;加热试管,观察现象。对比实验现象推测温度对化学反应速率的影响。

实验说明,反应温度越_____,反应速率越_____。

实验 3 - 5

将约 10 mL 3% 过氧化氢溶液(俗称双氧水)加入试管,振荡并观察现象;在试管中加入一小匙二氧化锰粉末,振荡并观察现象。对比实验现象推测催化剂对化学反应速率的影响。

实验说明,催化剂_____。

试从微观角度分析,上述实验中为什么改变实验条件会使化学反应速率发生变化?

二、化学反应的限度

我们前面学过，一个化学反应中，反应物转化为生成物的同时生成物也在转化为反应物，这类反应叫可逆反应。相当多的化学反应都是可逆反应。

化学反应限度就是可逆反应所能达到的最大程度。随着化学反应的进行，反应物的浓度不断减小，生成物的浓度不断增大。一段时间后，反应物和生成物的浓度都不再发生变化，反应在宏观上不再进行。这时化学反应就达到了平衡状态(图3-11)。化学平衡状态是指一定条件下的可逆反应里，正反应速率和逆反应速率相等，反应混合物中各组分浓度保持不变的状态。平衡状态即一个化学反应进行的限度。

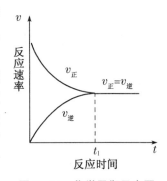

图3-11 化学平衡示意图

人们在进行化工生产时，总是希望设法提高反应的限度并控制反应速率在比较快的范围，这样既能节约原料和能源，又能增加产量，提高经济效益。

三、化学平衡

化学平衡状态是指一定条件下的可逆反应里，正、逆反应速率相等，反应混合物中各组分浓度保持不变的状态。

化学平衡只有在一定条件下才能保持，当一个可逆反应达到化学平衡状态后，如果改变浓度、压强、温度等反应条件，达到平衡的反应混合物里各组分的浓度也会随之改变，从而达到新的平衡。研究化学平衡就是要研究如何改变外界条件，才能使转化率低的反应平衡移动，建立新的转化率高的化学平衡，从而提高产量。

化学平衡的影响因素主要有浓度、压强、温度等。

大量实验证明，在其他条件不变的情况下，在达到平衡的反应里，减小任何一种生成物的浓度，平衡会向正反应即生成更多生成物的方向移动；减小任何一种反应物的浓度，平衡会向逆反应即生成更多反应物的方向移动。在生产上，往往采用增大容易取得的或成本较低的反应物浓度的方法，使成本较高的原料得到充分利用。如在硫酸工业里，常用通入过量空气的方法使二氧化硫充分氧化，得到更多的三氧化硫，以达到充分利用硫的目的。

对于反应前后气体总体积发生改变的化学反应，在其他条件不变的情况下，增大压强，会使化学平衡向着气体体积缩小的方向移动；减小压强，会使化学平衡向着气体体积增大的方向移动。例如，正反应参与的气体为三个单位体积，逆反应参与的气体为两个单位体积，则增大压强时正反应速率提高得更多，从而使正反应速率＞逆反应速率，即平衡向正反应方向移动。如果反应前后气态物质的总体积没有变化，增大或减小压强不能使化学平衡移动。

在其他条件不变时，升高反应温度，有利于吸热反应，平衡向吸热反应方向移动；降低反应温度，有利于放热反应，平衡向放热反应方向移动。

催化剂能同等程度的改变正反应速率和逆反应速率,对化学平衡移动无影响,但能缩短达到平衡所用的时间。

法国化学家勒夏特列根据大量事实,在 1884 年提出了"平衡移动原理":每一种影响平衡因素的变化都会使平衡向减少这种影响的方向移动。后人为了纪念勒夏特列,称这一原理为"勒夏特列原理"。

> ### 知识链接
>
> #### 人体中的化学平衡
>
> 人体血液的 pH 是一个稳定的数值,正常值是 7.4 ± 0.05。这一数值保证了血液中进行的各种生化反应。人体新陈代谢产生的酸性物质和碱性物质进入血液,但血液的 pH 仍会保持稳定,这是什么原因呢?
>
> 原来,血液中有两对电离平衡,一对是 HCO_3^-(碱性)和 H_2CO_3(酸性)的平衡,另一对是 HPO_4^{2-}(碱性)和 $H_2PO_4^-$(酸性)的平衡。
>
> 下面以 HCO_3^- 和 H_2CO_3 的电离为例说明血液 pH 稳定的原因。人体血液中 H_2CO_3 和 HCO_3^- 物质的量之比为 $1:20$,维持血液的 pH 为 7.4。当酸性物质进入血液时,电离平衡向生成碳酸的方向进行,过多的碳酸由肺部加重呼吸排出二氧化碳,减少的 HCO_3^- 由肾脏调节补充,使血液中 HCO_3^- 与 H_2CO_3 仍维持正常的比值,pH 保持稳定。当有碱性物质进入人体血液,与 H_2CO_3 作用,上述平衡向逆反应方向移动,过多的 HCO_3^- 由肾脏吸收,同时肺部呼吸变浅,减少二氧化碳的排出,血液的 pH 仍保持稳定。
>
> 然而,当发生肾功能障碍、肺功能衰退或腹泻、高烧等疾病时,血液中的 HCO_3^- 和 H_2CO_3 比例失调,就会造成酸中毒或碱中毒。临床指标:血液 $pH>7.45$,为碱中毒;血液 $pH<7.35$,为酸中毒。

思考与练习

一、选择题

1. 下列过程中,需要加快化学反应速率的是(　　)。
   A. 食物腐烂
   B. 金属生锈
   C. 温室效应
   D. 工业上合成氨

2. 已知 $2H_2S(g)+3O_2(g)\xrightarrow{\text{点燃}}2SO_2(g)+2H_2O(g)$,若反应速率分别用 $v(H_2S)$、$v(O_2)$、$v(SO_2)$、$v(H_2O)$ 表示,则正确的关系式为(　　)。
   A. $2v(H_2S)=3v(O_2)$
   B. $3v(O_2)=2v(H_2O)$
   C. $3v(O_2)=2v(SO_2)$
   D. $2v(O_2)=3v(SO_2)$

3. 关于 $A(g)+2B(g)\Longrightarrow 3C(g)$ 的化学反应,下列表示的反应速率最大的是(　　)。

A. $v(A) = 0.7\ mol/(L \cdot min)$ B. $v(B) = 1.2\ mol/(L \cdot min)$

C. $v(C) = 1.2\ mol/(L \cdot min)$ D. $v(B) = 0.01\ mol/(L \cdot s)$

4. ［多选题］一定温度下，容积不变的密闭容器中发生反应：$A(s) + 2B(g) \rightleftharpoons C(g) + D(g)$，当下列物理量不再发生变化时，表明反应已达到平衡状态的是（   ）。

A. 混合气体的压强   B. B 的物质的量浓度

C. 混合气体的密度   D. 混合气体的总物质的量

5. 对于放热的可逆反应 $2A + 3B \rightleftharpoons 2C$，下列条件的改变一定可以加快正反应速率的是（   ）。

A. 增加压强   B. 升高温度

C. 增加 A 的量   D. 加入二氧化锰作催化剂

6. 在一定温度和压强下，在一定容器中发生下列反应：$N_2(g) + 3H_2(g) \rightleftharpoons 2NH_3(g)$，开始时 N_2 的浓度为 $1\ mol/L$，H_2 的浓度为 $4\ mol/L$，$2\ s$ 末测定 N_2 的浓度为 $0.9\ mol/L$，则用 H_2 表示的反应速率为（   ）。

A. $0.45\ mol/(L \cdot s)$ B. $0.15\ mol/(L \cdot s)$

C. $0.10\ mol/(L \cdot s)$ D. $0.05\ mol/(L \cdot s)$

7. 在 $2\ L$ 密闭容器中，发生 $3A(g) + B(g) \rightleftharpoons 2C(g)$ 的反应，若最初加入 A 和 B 都是 $4\ mol$，A 的平均反应速率为 $0.12\ mol/(L \cdot s)$，则 10 秒钟后容器中 B 的物质的量是（   ）。

A. $1.6\ mol$ B. $2.8\ mol$

C. $3.2\ mol$ D. $3.6\ mol$

8. ［多选题］$CaCO_3$ 与稀盐酸反应（放热反应）生成 CO_2 的量与反应时间的关系如图 $3-12$ 所示，下列结论不正确的是（   ）。

A. 反应开始 $2\ min$ 内平均反应速率最大

B. 反应 $4\ min$ 后平均反应速率最小

C. 反应开始 $4\ min$ 内温度对反应速率的影响比浓度大

D. 反应在第 $2\ min$ 到第 $4\ min$ 间生成 CO_2 的平均反应速率最大

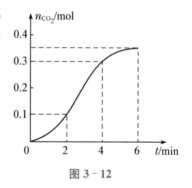

图 $3-12$

9. 把 $0.6\ mol$ 气体 X 和 $0.4\ mol$ 气体 Y 混合于 $2\ L$ 容器中，发生反应：$3X(g) + Y(g) \rightleftharpoons nZ(g) + 2W(g)$，$5\ min$ 末已生成 $0.2\ mol$ W，若测知以 Z 浓度变化来表示的平均速率为 $0.01\ mol/(L \cdot min)$，则：上述反应在 $5\ min$ 末时，已用去的 Y 占原有量的物质的量分数是（   ）。

A. 20% B. 25% C. 33% D. 50%

10. 一定温度下，在 $2\ L$ 的密闭容器中，X、Y、Z 三种气体的物质的量随时间变化的曲线如图 $3-13$ 所示：

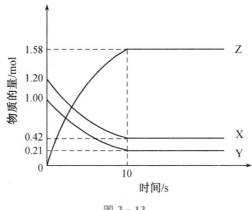

图 3 - 13

下列描述正确的( )。

   A. 反应开始到 10 s,用 Z 表示的反应速率为 0.158 mol/(L·s)

   B. 反应开始到 10 s,X 的物质的量浓度减少了 0.79 mol/L

   C. 反应开始到 10 s 时,Y 的转化率为 79.0%

   D. 反应的化学方程式为:$X(g) + Y(g) \rightleftharpoons Z(g)$

二、填空题

11. 可逆反应:$2SO_2 + O_2 \rightleftharpoons 2SO_3$,如果 SO_2 的起始浓度为 2 mol/L,2 min 后 SO_2 的浓度变为 1.8 mol/L,则用 SO_2 的浓度变化表示的反应速率是_____。

12. 欲使一个化学反应速度加快,可采取以下措施:_____浓度、_____表面积、_____温度和_____等。

三、计算题

13. 在 400 ℃时,将 SO_2 和 14 mol O_2 压入一个盛有催化剂的 V L 密闭容器中进行反应($2SO_2 + O_2 \rightleftharpoons 2SO_3$),2 min 时容器中剩下 2 mol SO_2 和 12 mol O_2。则:

   (1) 2 min 内生成的 SO_3 的物质的量是多少?SO_2 起始的物质的量是多少?

   (2) 2 min 内以 SO_2 浓度变化表示的平均反应速率是多少? 以 SO_3 浓度变化表示的平均反应速率又是多少?

本章小结

一、化学键

1. 分子中相邻原子间强烈的相互作用称为化学键。化学反应中物质发生变化的实质就是旧化学键的断裂和新化学键的生成。

2. 离子键

阴、阳离子间通过静电作用所形成的化学键叫作离子键。

活泼金属原子和活泼的非金属原子在一定条件下发生反应时易形成离子键。由离子键结合成的化合物叫离子化合物。强碱和大多数盐都是离子化合物。

3. 共价键

原子间通过共用电子对形成的化学键，叫作共价键。以共价键结合的化合物叫作共价化合物。

由不同种原子形成的共价键，共用电子对偏向吸引电子能力较强的一方，叫作极性共价键，简称极性键。由同种原子形成的共价键，共用电子对不偏向任何一个原子，叫作非极性共价键，简称非极性键。

二、化学反应与能量

1. 化学反应与热量

在化学反应过程中吸收或放出的热量通常称为化学反应热效应，简称反应热。

如果反应物化学键断裂需要的能量小于生成物化学键形成所放出的能量，这就是放热反应。反之，则是吸热反应。

2. 燃烧与爆炸

燃烧是一种可燃物和助燃剂间发生的剧烈的化学反应，同时放出光和热的现象。燃烧发生有三个基本要素：可燃物、助燃剂和温度。

3. 反应与电能

电池是将化学能转化为电能的装置。电流的本质是电子定向移动，氧化还原反应中有电子得失，控制一定的条件就可能利用化学反应产生电子流动，从而将化学能转化为电能。

电解池是可以将电能转化为化学能的装置。

三、化学反应的快慢和限度

1. 化学反应的速率

通常用单位时间内反应物浓度的减少或生成物浓度的增加来表示反应速率。

增加反应物浓度、增大反应物表面积、在有气体参与的反应中增大压强、升高温度、加入催化剂可以使化学反应的速率加快。

2. 化学反应的限度

一个化学反应中，反应物转化为生成物的同时生成物也在转化为反应物，这类反应叫可逆反应。

化学平衡状态是指一定条件下的可逆反应里，正反应速率和逆反应速率相等，反应混合物中各组分浓度保持不变的状态。平衡状态即为一个化学反应进行的限度。

章节测试

一、选择题

1. 下列物质中，既有离子键又有共价键的一组是（　　）。

  A. $NaOH$、H_2O_2、NH_4Cl B. Al_2O_3、HCl、$MgCl_2$

  C. MgO、$CaBr_2$、$NaCl$ D. KOH、Na_2O_2、$(NH_4)_2S$

2. 根据化学反应的实质是旧键断裂和新键形成这一观点，下列变化属于化学反应的是（　　）。

A. 氯化钠受热熔化

B. 石墨在高温高压下转化为金刚石

C. 木炭转化为活性炭

D. 固态 S_8 加热到 444.6 ℃时变成硫蒸气 S_2

3. 下列各组纯净物中,其分子内部都存在着极性键,其分子均为共价化合物的是(　　)。

　　A. H_2、NH_3、SO_3 　　　　　　　　B. CO_2、CH_4、C_2H_5OH

　　C. NO、CaO、Ne 　　　　　　　　D. P_4、CS_2、Na_2O_2

4. 下列物质加入水中发生放热反应的是(　　)。

　　A. 生石灰 　　　　　　　　　　　　　B. 固体 $NaOH$

　　C. 浓硫酸 　　　　　　　　　　　　　D. 固体 NH_4NO_3

5. 已知 $2SO_2 + O_2 \rightleftharpoons 2SO_3$ 为放热反应,对该反应的下列说法中正确的是(　　)。

　　A. O_2 的能量一定高于 SO_2 的能量

　　B. SO_2 和 O_2 的总能量一定高于 SO_3 的总能量

　　C. SO_2 的能量一定高于 SO_3 的能量

　　D. 因该反应为放热反应,故不必加热就可发生

6. 下列反应既属于氧化还原反应,又是吸热反应的是(　　)。

　　A. 锌粒与稀硫酸的反应

　　B. 灼热的木炭与 CO_2 反应

　　C. 甲烷在氧气中的燃烧反应

　　D. $Ba(OH)_2 \cdot 8H_2O$ 晶体与 NH_4Cl 晶体的反应

7. 研究人员研制出一种锂水电池,可作为鱼雷和潜艇的储备电源。该电池以金属锂和钢板为电极材料,以 $LiOH$ 为电解质,使用时加入水即可放电。关于该电池的下列说法不正确的是(　　)。

　　A. 水既是氧化剂又是溶剂

　　B. 放电时正极上有氢气生成

　　C. 放电时 OH^- 向正极移动

　　D. 总反应为 $2Li + 2H_2O \mathbin{=\!=} 2LiOH + H_2 \uparrow$

8. 下列说法正确的是(　　)。

　　A. 废旧电池应集中回收,并填埋处理

　　B. 充电电池放电时,电能转变为化学能

　　C. 放在冰箱中的食品保质期较长,这与温度对反应速率的影响有关

　　D. 所有燃烧反应都是放热反应,所以不需吸收能量就可以进行

9. 铅蓄电池的两极分别为 Pb、PbO_2,电解质溶液为 H_2SO_4,工作时的电池反应式为 $Pb + PbO_2 + 2H_2SO_4 \mathbin{=\!=} 2PbSO_4 + 2H_2O$,下列结论正确的是(　　)。

　　A. Pb 为正极被氧化 　　　　　　　B. 溶液的 pH 不断减小

　　C. SO_4^{2-} 只向 PbO_2 处移动 　　　D. 电解质溶液的 pH 不断增大

10. 下列四种盐酸溶液,均能跟锌片反应,其中最初反应速率最快的是(　　)。

　　A. 10 ℃ 20 mL 3 mol/L 的盐酸溶液

B. 20 ℃ 30 mL 2 mol/L 的盐酸溶液

C. 20 ℃ 20 mL 2 mol/L 的盐酸溶液

D. 20 ℃ 10 mL 4 mol/L 的盐酸溶液

11. 在 $A+pB \rightleftharpoons qC$ 的反应中，经 t 秒后，C 的浓度增加 m mol/L，若用 B 的浓度变化来表示反应速率，则 v_B 为（　　）。

　　A.（$p \cdot q$）/（$m \cdot t$）　　　　　　　　　B.（$m \cdot t$）/（$p \cdot q$）

　　C.（$m \cdot p$）/（$t \cdot q$）　　　　　　　　　D.（$t \cdot p$）/（$m \cdot q$）

12. 已知反应 $A+3B \rightleftharpoons 2C+D$ 在某段时间内以 A 的浓度变化表示的化学反应速率为 0.5 mol/(L·s)，则此段时间内以 B 浓度变化表示的化学反应速率（　　）。

　　A. 3 mol/(L·s)　　　　　　　　　B. 2 mol/(L·s)

　　C. 1.5 mol/(L·s)　　　　　　　　D. 0.5 mol/(L·s)

13. 反应 $4NH_3+5O_2 \rightleftharpoons 4NO+6H_2O$ 在 5 L 的密闭容器中进行，半分钟后，NO 的物质的量增加了 0.3 mol，则此反应的平均速率 v_x 为（　　）。

　　A. $\bar{v}(O_2)=0.01$ mol/(L·s)　　　　　B. $\bar{v}(NO)=0.008$ mol/(L·s)

　　C. $\bar{v}(H_2O)=0.003$ mol/(L·s)　　　　D. $\bar{v}(NH_3)=0.002$ mol/(L·s)

14. 下列反应速率加快是由催化剂引起的是（　　）。

　　A. 在夏季食品腐蚀更快

　　B. H_2O_2 中加入少量 MnO_2，即可迅速放出气体

　　C. 将炭块粉碎成粉末状，可使燃烧更加充分

　　D. 在炭粉中加入 $KClO_3$ 点燃时燃烧更为剧烈

二、填空题

15. 在 $CaCl_2$、KOH、CO_2、H_2SO_4、Na_2O_2、Na_2S 中，只含有离子键的是＿＿＿＿＿＿＿＿，只含有共价键的是＿＿＿＿＿＿＿，既含有离子键又含有共价键的是＿＿＿＿＿＿＿。

16. 甲元素原子最外层电子数是次外层电子数的 3 倍；乙元素原子核外有三个电子层，且是它所在周期中原子半径最大的金属元素；丙元素原子核里无中子。则乙的单质在甲中燃烧产物的电子式是＿＿＿＿＿＿＿＿＿＿＿＿＿＿＿，丙与甲形成的 3 原子分子的电子式是＿＿＿＿＿＿＿＿＿＿＿＿，甲、乙、丙三种元素组成的化合物的电子式是＿＿＿＿＿＿＿＿＿＿＿＿＿＿＿＿。

17. A、B、C、D 均是短周期元素，A 和 B 同周期，B 和 C 同族，A 元素的族序数是周期数的 3 倍，B 原子最外层电子数是内层电子数的 2 倍，B 与 A 能生成化合物 BA_2，C 与 A 生成化合物 CA_2，A 的阴离子与 D 的阳离子电子层结构相同，都与氖原子的电子层结构相同，D 的单质与 A 的单质在不同条件下反应，可生成 D_2A 或 D_2A_2。请回答：

（1）写出元素符号：B＿＿＿＿＿；C＿＿＿＿＿。

（2）BA_2 的电子式为＿＿＿＿＿＿，BA_2 的结构式为＿＿＿＿＿＿＿＿＿＿＿，BA_2 分子中化学键属于＿＿＿＿＿＿键。

（3）D_2A_2 的电子式为＿＿＿＿＿＿＿＿＿＿，灼烧这种化合物火焰呈＿＿＿＿＿＿色。

（4）C 在元素周期表中的位置是第＿＿＿＿＿＿周期＿＿＿＿＿＿族，其原子结构示意图为＿＿＿＿＿＿。

18. 银器皿日久表面逐渐变黑色,这是由于生成硫化银。有人设计用原电池原理加以除去,其处理方法为:将一定温度的食盐溶液放入一铝制容器中,再将变黑的银器浸入溶液中,放置一段时间后,黑色会褪去而银不损失。试回答:在此原电池反应中,负极发生的反应为_____,正极发生的反应为_____,反应过程中产生臭鸡蛋气味的气体,原电池总反应方程式为_____。

19. 对反应 $N_2 + 3H_2 \rightleftharpoons 2NH_3 + Q(Q > 0)$ 能使正反应速率增大的因素有_____,能使逆反应速率增大的因素有_____:① 增加 N_2 或 H_2 的浓度　② 增大压强　③ 升高温度　④ 加(正)催化剂　⑤ 增加 NH_3 浓度　⑥ 减小 NH_3 浓度

第四章　有机化合物

　　经过前面几章的学习,我们对无机化合物有了比较清晰的了解,本章将通过对几种重要有机物的学习,认识有机物跟无机物的区别和联系,初步学会对有机物进行科学探究的基本思路和方法,了解有机化合物及材料在生产、生活等领域中的应用,加深这些物质对于人类日常生活、身体健康重要性的认识。

知 识 树 ▶

$$
\text{有机化合物}
\begin{cases}
甲烷、烷烃 \\
烯烃和炔烃 \\
苯和苯的同系物 \\
烃的含氧衍生物 \\
有机材料
\end{cases}
$$

第一节　甲烷及烷烃

　　有机化合物是指含碳元素化合物(一氧化碳、二氧化碳、碳酸盐、金属碳化物等少数简单含碳化合物除外),简称有机物。碳在地壳中含量不高,质量分数只占 0.087%,但是它的化合物,尤其是有机物,不仅数量众多,而且分布极广。无机物目前只发现数十万种,而迄今从自然界发现和人工合成的有机物已超过 3 000 万种,而且新的有机物仍在以每年近百万种的速度增加。有机化合物里,有一大类物质仅由碳和氢两种元素组成,这类物质总称为碳氢化合物,又称烃。

一、甲烷的结构和性质

1. 结构

　　甲烷是最简单的烃,化学式为 CH_4。由于碳原子最外层电子层有 4 个电子,常以 4 个键与其他原子相结合形成分子,所以甲烷中 1 个 C 原子可与 4 个 H 原子形成 4 对电子对(有机物分子都是以电子对连接原子并为两个原子共用),形成 4 个共价单键。可表示为:

电子式 H：C：H 或 结构式 H—C—H

用共用电子对表示的式子叫电子式;用短线来代表一对共用电子对的图式叫结构式。

图4-1 甲烷分子结构示意图　　　　图4-2 甲烷分子模型

科学实验证明,甲烷分子里的碳原子与4个氢原子并不在一个平面内,整个分子呈正四面体形立体结构,碳原子位于正四面体的中心,氢原子位于正四面体的4个顶点上(图4-1、图4-2)。

2. 性质

甲烷是一种无色、无味的气体。它的密度(在标准状况下)是 0.717 kg/m³,大约是空气密度的一半,极难溶于水。

通常情况下,甲烷比较稳定,与强酸、强碱不反应,与酸性高锰酸钾等强氧化剂也不反应。但是在特定条件下,甲烷也会发生某些反应如氧化反应和取代反应。

(1)甲烷的可燃性

甲烷是一种优良的气体燃料,通常情况下,1 mol 甲烷在空气中完全燃烧,生成二氧化碳和水,放出 890 kJ 热量。

$$CH_4(g) + 2O_2(g) \xrightarrow{\text{点燃}} CO_2(g) + 2H_2O(g) + 890\ kJ$$

空气中的甲烷含量在 5‰～15.4‰(体积)时,遇火花将发生爆炸。在进行甲烷燃烧实验时,必须先检验其纯度。煤矿中的瓦斯爆炸多数与甲烷气体有关。为了防止爆炸事故的发生,必须采取通风、严禁烟火等安全措施。

家用或工业用天然气中常掺入少量有特殊气味的杂质气体,以警示气体的泄漏。

(2)甲烷的取代反应

实验 4－1

取两支 100 mL 量筒，分别通过排饱和食盐水的方法先后收集 20 mL 甲烷和 80 mL 氯气并混合，各用铁架台固定好（如图 4－3 所示）。其中一支量筒用预先准备好的黑色纸套套上，另一支量筒放在光亮的地方。等待片刻，观察瓶内气体颜色变化。

图 4－3 甲烷与氯气的反应

在室温下，甲烷和氯气的混合物可以在黑暗中长期保存而不起任何反应。但把混合气体放在光亮的地方就会发生反应，混合气体的颜色会逐渐变淡，水面上升，有白雾，石蕊试液变红，证明有 HCl 气体生成；出现油状液滴，证明有不溶于水的有机物生成。

在光亮条件下，甲烷和氯气发生了如下反应：

$$\underset{\substack{| \\ H}}{\overset{\substack{H \\ |}}{H-C-H}} + Cl-Cl \xrightarrow{\text{光}} \underset{\substack{| \\ H}}{\overset{\substack{H \\ |}}{H-C-Cl}} + H-Cl$$

一氯甲烷

但反应并没有停止，生成的一氯甲烷继续跟氯气作用，依次生成二氯甲烷（反应表示如下）、三氯甲烷（又叫氯仿）和四氯甲烷（又叫四氯化碳）。

$$\underset{\substack{| \\ Cl}}{\overset{\substack{H \\ |}}{H-C-H}} + Cl-Cl \xrightarrow{\text{光}} \underset{\substack{| \\ Cl}}{\overset{\substack{H \\ |}}{H-C-Cl}} + H-Cl$$

二氯甲烷

$$\underset{\substack{| \\ Cl}}{\overset{\substack{H \\ |}}{H-C-Cl}} + Cl-Cl \xrightarrow{\text{光}} \underset{\substack{| \\ Cl}}{\overset{\substack{Cl \\ |}}{Cl-C-Cl}} + H-Cl$$

三氯甲烷

$$\underset{\substack{| \\ Cl}}{\overset{\substack{H \\ |}}{Cl-C-Cl}} + Cl-Cl \xrightarrow{\text{光}} \underset{\substack{| \\ Cl}}{\overset{\substack{Cl \\ |}}{Cl-C-Cl}} + H-Cl$$

四氯甲烷

上述有机反应有什么共同特点？在这些反应里，甲烷分子里的氢原子逐步被氯原子取代，生成了四种取代产物。有机物分子里的某些原子或原子团被其他原子或原子团所代替的反应叫作取代反应。

甲烷的四种取代物都不溶于水。在常温下，一氯甲烷是气体，其他三种都是液体，三氯甲烷和四氯甲烷是工业上重要的溶剂；四氯甲烷还是一种高效灭火剂。

（3）甲烷的受热分解

在隔绝空气的情况下，加热至 $1\ 000\ ℃$，甲烷分解生成炭黑和氢气。

$$CH_4 \xrightarrow{1\ 000\ ℃} C + 2H_2$$

甲烷分解生成的氢气可以作为合成氨的原料；生成的炭黑是橡胶工业的原料。

二、烷烃

与甲烷结构相似的有机物还有很多，观察图 4-4 所示的有机物的结构模型，试归纳出它们分子结构的特点。

乙烷　　　　　　丙烷　　　　　　丁烷

图 4-4　几种烷烃的球棍模型

这些烃的分子里碳原子间都以单键（两个原子间只有一对共用电子对即单键）互相连接成链状，碳原子的其余的价键全部跟氢原子结合，达到饱和状态。所以这类型的烃可称为饱和烃。由于 C—C 连成链状，所以也可称为饱和链烃，或烷烃（若 C—C 连成环状，称为环烷烃）。

为了书写方便，有机物除用结构式表示外，还可用结构简式表示，如乙烷和丙烷的结构简式分别表示为 CH_3CH_3、$CH_3CH_2CH_3$。

烷烃的种类很多，表 4-1 列出了部分烷烃的物理性质。

表 4-1　几种烷烃的物理性质

名称	结构简式	常温时的状态	熔点/℃	沸点/℃	相对密度
甲烷	CH_4	气	−182.5	−164.0	0.466 1
乙烷	CH_3CH_3	气	−182.8	−88.6	0.546 2
丙烷	$CH_3CH_2CH_3$	气	−188.0	−42.1	0.585 3
丁烷	$CH_3(CH_2)_2CH_3$	气	−138.4	−0.5	0.587 7
戊烷	$CH_3(CH_2)_3CH_3$	液	−129.7	36.0	0.626 2
癸烷	$CH_3(CH_2)_8CH_3$	液	−29.7	174.1	0.729 8
十七烷	$CH_3(CH_2)_{15}CH_3$	固	22.0	302.2	0.778 0（固体）

烷烃的物理性质随分子中碳原子数的增加，呈现规律性的变化。

烷烃的化学性质与甲烷类似，通常比较稳定，在空气中能燃烧，光照条件下能与氯气发生取代反应。

烷烃中最简单的是甲烷，其余随碳原子数的增加，依次为乙烷、丙烷、丁烷等。碳原子数在十以内时,以甲、乙、丙、丁、戊、己、庚、辛、壬、癸依次代表碳原子数,其后加"烷"字;碳原子数在十以上,以数字代表,如 $CH_3(CH_2)_{15}CH_3$ 称十七烷。

可以发现,相邻两个烷烃在组成上都相差一个"CH_2"原子团。如果把烷烃中碳原子数定为 n,烷烃中氢原子数就是 $2n+2$。所以烷烃的分子式可以用通式 C_nH_{2n+2} 表示。像这样结构相似、在分子组成上相差一个或若干个 CH_2 原子团的物质互相称为同系物。

甲烷、乙烷、丙烷的结构各只有一种,而丁烷却有两种不同的结构(图 4-5)。虽然两种丁烷的组成相同,但分子中原子的结合顺序不同,即分子结构不同,因此它们的性质就有差异,属于两种不同的化合物。

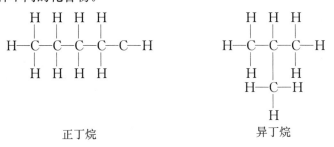

正丁烷   异丁烷

图 4-5　两种丁烷的结构式

表 4-2　正丁烷和异丁烷某些物理性质

名称	熔点/℃	沸点/℃	相对密度
正丁烷	−138.4	−0.5	0.5788
异丁烷	−159.6	−11.7	0.557

像这种化合物具有相同的化学式但具有不同结构的现象,叫作同分异构现象。具有同分异构现象的化合物互称同分异构体。如正丁烷与异丁烷就是丁烷的两种同分异构体,属于两种化合物。随碳原子数的增加,烷烃的同分异构体的数目也增加。例如,戊烷有 3 种、己烷有 5 种、庚烷有 9 种,而癸烷则有 75 种之多。同分异构现象的广泛存在是造成有机物种类繁多的重要原因之一。

知识链接

可燃冰

天然气水合物(Natural Gas Hydrate,简称 Gas Hydrate)因其外观像冰或固体酒精,而且遇火即可燃烧,所以又被称作"可燃冰""固体瓦斯"或者"气冰"。它是在一定条件(合适的温度、压力、气体饱和度、水的盐度、pH 等)下由水和天然气混合组成的类冰的、非化学计量的笼形结晶化合物。它可用 $M \cdot nH_2O$ 来表示,M 代表水合物中的气体分子,n 为水合指数(也就是水分子数)。组成天然气的成分有 CH_4、C_2H_6、C_3H_8、C_4H_{10} 等同系物以及 CO_2、N_2、H_2S 等,它们可形成单种或多种天然气水合物。形成天然气水合物的主要气体为甲烷,甲烷分子含量超过 99% 的天然气水合物通常称为甲烷水合物(Methane Hydrate)。

天然气水合物是 20 世纪科学考察中发现的一种新的矿产资源,被誉为 21 世纪具有商业开发前景的战略资源。天然气水合物是一种新型高效能源,其成分与人们平时所使用的天然气成分相近,但更为纯净,开采时只需将固体的"天然气水合物"升温减压就可释放出大量的甲烷气体。目前,全世界拥有的常规石油天然气资源,将在 40 年或 50 年后逐渐枯竭。而科学家估计,海底可燃冰分布的范围约 4 000 万平方公里,占海洋总面积的 10%,海底可燃冰的储量够人类使用 1 000 年,因而被科学家誉为"未来能源""21 世纪能源"。

天然气水合物使用方便,燃烧值高,清洁无污染。美国、日本等国均已经在各自海域发现并开采出天然气水合物,据测算,中国南海天然气水合物的资源量为 700 亿吨油当量,约相当于中国目前陆上石油、天然气资源量总数的二分之一。

中国在南海北部成功钻获天然气水合物实物样品"可燃冰",从而成为继美国、日本、印度之后第 4 个通过国家级研发计划采到水合物实物样品的国家。

思考与练习

一、填空题

1. 甲烷分子式是＿＿＿＿＿＿,电子式是＿＿＿＿＿＿,结构式是＿＿＿＿＿＿。烷烃的通式为＿＿＿＿＿＿。

2. 有机物分子里的某些原子或原子团＿＿＿＿＿＿的反应叫作取代反应,用量筒收集 CH_4 和 Cl_2 的混合气倒扣在盛水的水槽中,使 CH_4 和 Cl_2 发生取代反应,甲烷与氯气应该放在＿＿＿＿＿＿的地方,而不应放在＿＿＿＿＿＿地方,以免引起爆炸,反应约 3 分钟之后,可以观察到量筒壁上出现＿＿＿＿＿＿,量筒内水面＿＿＿＿＿。

二、选择题

3. 下列物质属于烃类的是(　　)。

　　A. H_2CO_3　　　　B. C_6H_6　　　　C. C_2H_4O　　　　D. H_2O

4. 下列有关甲烷的说法中错误的是(　　)。

　　A. 采煤矿井中的甲烷气体是植物残体经微生物发酵而来的

　　B. 天然气的主要成分是甲烷

　　C. 甲烷是没有颜色、没有气味的气体,极易溶于水

　　D. 甲烷与氯气发生取代反应所生成的产物四氯甲烷是一种效率较高的灭火剂

5. 下列气体的主要成分不是甲烷的是(　　)。

　　A. 天然气　　　　　　　　　　B. 沼气

　　C. 水煤气　　　　　　　　　　D. 坑道产生的气体

6. 鉴别甲烷、一氧化碳和氢气等三种无色气体的方法是(　　)。

A. 通入溴水→通入澄清石灰水

B. 点燃→罩上涂有澄清石灰水的烧杯

C. 点燃→罩上干冷烧杯→罩上涂有澄清石灰水的烧杯

D. 点燃→罩上涂有澄清石灰水的烧杯→通入溴水

7. ［多选题］下列物质在一定条件下可与 CH_4 发生化学反应的是（　　）。

A. 氯气   B. 溴水

C. 氧气   D. 酸性 $KMnO_4$ 溶液

8. ［多选题］下列气体在氧气中充分燃烧后，其产物既可使无水硫酸铜变蓝，又可使澄清石灰水变浑浊的是（　　）。

A. H_2S B. CH_4 C. H_2 D. CO

9. 下列数据是有机物的相对分子质量，其中可能互为同系物的一组是（　　）。

A. 16、30、58、72   B. 16、28、40、52

C. 16、32、48、54   D. 16、30、42、56

10. 可燃冰又称天然气水合物，它是在海底的高压、低温条件下形成的，外观像冰。1 体积可燃冰可贮载 100～200 体积的天然气。下面关于可燃冰的叙述不正确的是（　　）。

A. 可燃冰有可能成为人类未来的重要能源

B. 可燃冰是一种比较洁净的能源

C. 可燃冰提供了水可能变成油的例证

D. 可燃冰的主要可燃成分是甲烷

三、计算题

11. 燃烧 11.2 L（标准状况）甲烷，生成二氧化碳和水的质量各是多少？

第二节　乙烯及烯烃

一、乙烯的结构与性质

乙烯是一种重要的石油化工产品，也是重要的石油化工原料。乙烯的产量可以用来衡量一个国家的石油化工水平。尽管我国乙烯的年产量逐年增长，但仍不能满足快速增长的需要，目前还需进口。石油炼制加工分馏、催化裂化的产物中含有烯烃和烷烃。烯烃中含有碳碳双键（$C=C$），乙烯是最简单的烯烃。

1. 结构

乙烯分子式：C_2H_4，电子式：$H\!:\!\overset{..}{\underset{..}{C}}\!:\!:\!\overset{..}{\underset{..}{C}}\!:\!H$，结构式：$\begin{matrix} H \\ | \\ C \end{matrix}\!=\!\begin{matrix} H \\ | \\ C \end{matrix}$，结构简式：$CH_2=$

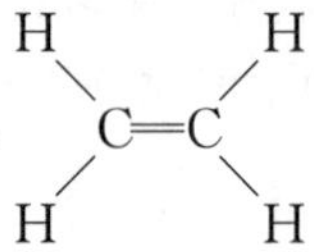

CH_2，乙烯分子模型如图 4-6 所示。

Ⅰ 球棍模型

Ⅱ 比例模型

图4-6 乙烯分子模型

2. 性质

通常状态下,乙烯是无色、稍有气味的气体,难溶于水,密度比空气小。

乙烯分子中因存在碳碳双键,表现出较活泼的化学性质。

(1)乙烯的氧化反应

乙烯在空气中燃烧,火焰明亮且伴有黑烟,生成二氧化碳和水,同时放出大量的热。

$$C_2H_4 + 3O_2 \xrightarrow{\text{点燃}} 2CO_2 + 2H_2O$$

实验 4-2

把乙烯通入盛有酸性 $KMnO_4$ 溶液的试管中,观察试管中溶液颜色的变化。

乙烯使酸性 $KMnO_4$ 溶液褪色,说明乙烯能被高锰酸钾氧化,利用此反应可鉴别乙烯和甲烷。

(2)乙烯的加成反应

实验 4-3

把乙烯通入盛有溴的四氯化碳溶液的试管中,观察试管中溶液颜色的变化。

可以看到,乙烯的通入使溴的四氯化碳溶液褪色,说明乙烯可与溴发生反应。

在这个反应中,乙烯双键中的一个键断裂,两个溴原子分别加在两个价键不饱和的碳原子上,生成无色的1,2-二溴乙烷液体。

$$CH_2 = CH_2 + Br_2 \longrightarrow CH_2Br—CH_2Br$$

利用这个反应可鉴别乙烯和甲烷。

这种有机化合物分子中双键(或三键)两端的碳原子与其他原子(或原子团)直接结合生成新的化合物的反应叫加成反应。

除了溴的四氯化碳溶液之外,乙烯还可以与水、氢气、卤化氢、氯气等在一定条件下发生加成反应。工业制酒精的原理就是利用乙烯与水的加成反应而生成乙醇。

$$CH_2 = CH_2 + H_2O \xrightarrow{\text{催化剂}} CH_3CH_2OH$$

（3）乙烯的加聚反应

在适当的温度、压强和催化剂存在的条件下，乙烯分子中碳碳双键中的一个键断裂，分子间通过碳原子相互结合形成很长的碳链，生成相对分子质量很大的聚合物——聚乙烯。

$$H_2C=CH_2 \xrightarrow{\text{催化剂}} \left[CH_2-CH_2\right]_n$$
聚乙烯

像这样，由相对分子质量小的化合物分子互相结合成相对分子质量大的聚合物的反应叫作加聚反应。同时它也是加成反应，也被称为加成聚合反应。

乙烯是一种植物生长调节剂，植物在生命周期的许多阶段，如发芽、成长、开花、果熟、衰老、凋谢等，都会产生乙烯。因此，可以用乙烯作为水果的催熟剂，以使生水果尽快成熟；有时为了延长果实或花朵的成熟期，又需要用浸泡过高锰酸钾溶液的硅藻土来吸收水果或花朵产生的乙烯，以达到保鲜的要求。

二、烯烃

在碳氢化合物中，除了碳原子之间都以碳碳单键相互结合的饱和链烃之外，还有许多烃，它们的分子里含有碳碳双键或碳碳三键，碳原子所结合的氢原子数少于饱和链烃里的氢原子数，这样的烃叫作不饱和烃。烯烃就是一类重要的不饱和烃。

1. 烯烃的结构和性质

烯烃的官能团是碳碳双键。链状烯烃且只含有一个碳碳双键时，其通式为 C_nH_{2n}（图4-7）。乙烯是最简单的烯烃。烯烃物理性质的递变规律与烷烃的相似，沸点也随分子中碳原子数的递增而逐渐升高。烯烃的结构和性质与乙烯相似，能发生加成反应和氧化反应。

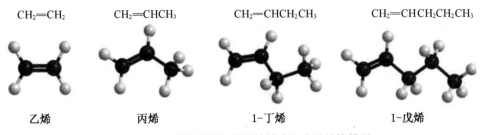

$$CH_2=CH_2 \qquad CH_2=CHCH_3 \qquad CH_2=CHCH_2CH_3 \qquad CH_2=CHCH_2CH_2CH_3$$

乙烯　　　　　　丙烯　　　　　　1-丁烯　　　　　　1-戊烯

图4-7　几种简单烯烃的结构简式和分子结构模型

2. 烯烃的立体异构

通过碳碳双键连接的原子或原子团不能绕键轴旋转会导致其空间排列方式不同，产生顺反异构现象。例如，2-丁烯的每个双键碳原子都连接了不同的原子和原子团，2-丁烯就有两种不同的结构：一种是相同的原子或原子团位于双键同一侧的顺式结构；另一种是相同的原子或原子团位于双键两侧的反式结构（图4-8）。这两种不同结构的有机化合物互为顺反异构体，它们的化学性质基本相同，但物理性质有一定的差异（表4-3）。

顺-2-丁烯   反-2-丁烯

图 4-8 2-丁烯的顺反异构体结构式

表 4-3 顺-2-丁烯和反-2-丁烯某些物理性质

名称	熔点/℃	沸点/℃	密度/$(g \cdot cm^{-3})$
顺-2-丁烯	-138.9	3.7	0.621
反-2-丁烯	-105.5	0.9	0.604

3. 二烯烃

二烯烃是分子中含有两个碳碳双键的烯烃。如 1,3-丁二烯,它能与氯气发生加成反应时,有以下两种方式进行:

(1) 1,2-加成

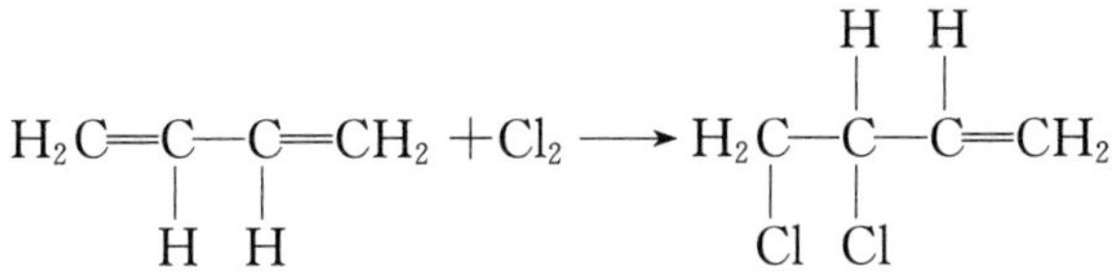

(2) 1,4-加成

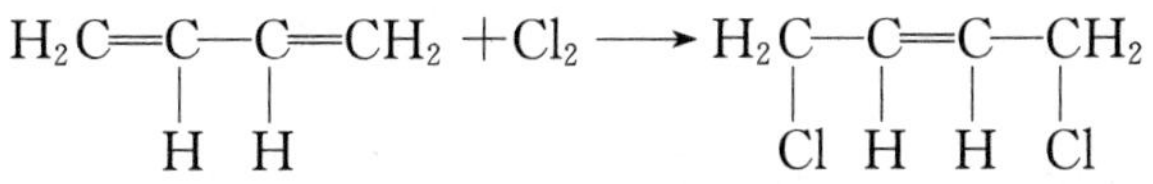

1,3-丁二烯的 1,2-加成和 1,4-加成是竞争反应,哪一种加成产物占据优势取决于反应条件。

思考与练习

一、选择题

1. 通常用于衡量一个国家石油化工发展水平的标志是( )。

   A. 石油的产量   B. 乙烯的产量

   C. 天然气的产量   D. 汽油的产量

2. 用来鉴别 CH_4 和 C_2H_4,又可除去 CH_4 中混有 C_2H_4 的方法是( )。

   A. 通入酸性 $KMnO_4$ 溶液中   B. 通入足量的溴水中

   C. 点燃   D. 通入 H_2 后加热

3. [多选题]下列过程中发生的化学反应属于加成反应的是( )。

   A. 用光照射甲烷与氯气的混合气体

   B. 将乙烯通入溴的四氯化碳溶液中

   C. 在镍做催化剂时,乙烯与氢气反应

D. 甲烷在空气中不完全燃烧

4. 下列有机化合物中，互为同分异构体的是（　　）。

A. $H_2C=C-C-C-CH_3$ （with H, H on top; H, CH₃, CH₃ on bottom）

B. $H_2C=C-C-CH_2$ （with H on top; H, C₂H₅ on bottom）

C. $H_2C=C-C=CH_2$ （with H, CH₃ on bottom）

D. $HC≡C-C-CH_3$ （with H on top; CH₃ on bottom）

5. 根据乙烯的性质可推测丙烯（$CH_2=CH-CH_3$）的性质，下列说法错误的是（　　）。

A. 丙烯能使酸性高锰酸钾溶液褪色

B. 丙烯能在空气中燃烧

C. 丙烯能与溴发生加成反应的产物是 $CH_2Br-CH_3-CH_2Br$

D. 丙烯能发生加聚反应

6. 下列不是乙烯用途的是（　　）。

A. 制塑料   B. 做灭火剂

C. 制有机溶剂   D. 做果实催熟剂

7. 制取 C_2H_5Cl 最好采用的方法是（　　）。

A. 乙烷和 Cl_2 取代   B. 乙烯和 Cl_2 加成

C. 乙烯和 HCl 加成   D. 乙烯和 H_2 加成后再与 Cl_2 取代

二、填空题

8. 工业生产中使用的乙烯主要源于_____，乙烯与甲烷在结构上的主要差异是_____，与乙烯结构相似的烃被称为_____，这些烃都能与_____反应。

9. 下列反应中，属于取代反应的是_____（填序号，下同），属于氧化反应的是_____，属于加成反应的是_____。

① 由乙烯制乙醇　② 乙烷在空气中燃烧　③ 乙烯使溴的四氯化碳溶液褪色
④ 乙烯使酸性高锰酸钾溶液褪色　⑤ 乙烷在光照下与氯气反应

10. 完成方程式（注明反应条件）：
（1）乙烯使溴的四氯化碳溶液褪色_____
（2）乙烯与水的加成反应_____
（3）乙烯与氢气反应_____
（4）乙烯与溴化氢反应_____

第三节　乙炔及炔烃

除了烯烃，炔烃也是一类重要的不饱和烃。炔烃的官能团是碳碳三键。链状炔烃分子中只有一个碳碳三键时,其通式为 C_nH_{2n-2}。乙炔是最简单的炔烃。

一、乙炔的结构与性质

1. 结构

乙炔(俗称电石)是最简单的炔烃。乙炔分子为直线形结构,四个原子在同一直线上。

乙炔分子式:C_2H_2,电子式:H:C :: C:H,结构式:H—C≡C—H,结构简式:HC≡CH,乙炔分子模型如图 4-9 所示。

Ⅰ 球棍模型　　　　　Ⅱ 比例模型

图 4-9　乙炔的结构式和分子结构模型

2. 性质

乙炔是无色、无味的气体,微溶于水,易溶于有机溶剂,密度比空气略小。

(1) 乙炔的氧化反应

乙炔在空气中燃烧,火焰明亮且伴有黑烟,生成二氧化碳和水,同时放出大量的热。

$$2C_2H_2 + 5O_2 \xrightarrow{\text{点燃}} 4CO_2 + 2H_2O$$

乙炔在氧气中燃烧时放出大量的热,氧炔焰的温度可达 3 000 ℃以上。因此,常用来焊接或切割金属。

实验 4-4

把乙炔通入盛有酸性 $KMnO_4$ 溶液的试管中,观察试管中溶液颜色的变化。

乙炔使酸性 $KMnO_4$ 溶液褪色,说明乙炔能被高锰酸钾氧化。

(2) 乙炔的加成反应

由于乙炔分子中含有不饱和的碳碳三键,乙炔能与溴发生加成反应。反应过程可分步表示如下:

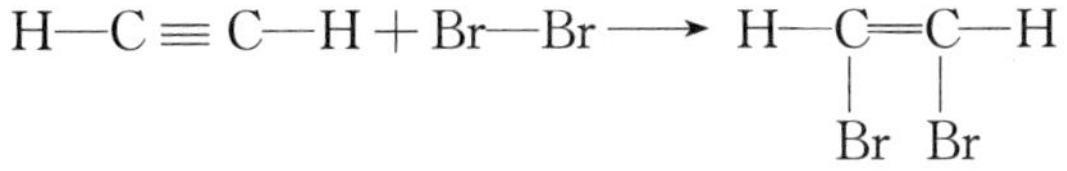

$$\begin{array}{c} \text{H—C}\equiv\text{C—H} + \text{Br—Br} \longrightarrow \text{H—}\underset{\underset{\text{Br}}{|}}{\text{C}}=\underset{\underset{\text{Br}}{|}}{\text{C}}\text{—H} \\ \text{1,2-二溴乙烯} \end{array}$$

$$\begin{array}{c} \text{H—}\underset{\underset{\text{Br}}{|}}{\text{C}}=\underset{\underset{\text{Br}}{|}}{\text{C}}\text{—H} + \text{Br—Br} \longrightarrow \text{H—}\underset{\underset{\text{Br}}{|}}{\overset{\overset{\text{Br}}{|}}{\text{C}}}\text{—}\underset{\underset{\text{Br}}{|}}{\overset{\overset{\text{Br}}{|}}{\text{C}}}\text{—H} \\ \text{1,1,2,2-四溴乙烷} \end{array}$$

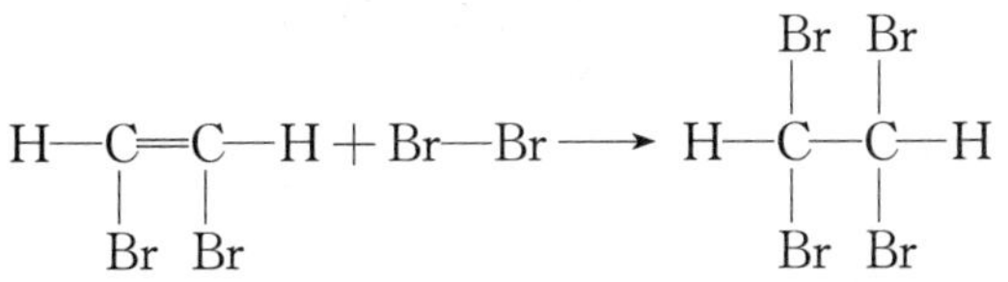

乙炔在一定条件下能与氢气、氯化氢和水等物质发生加成反应。

$$HC \equiv CH + H_2 \xrightarrow[\triangle]{催化剂} H_2C = CH_2$$

$$HC \equiv CH + HCl \xrightarrow[\triangle]{催化剂} \begin{matrix} H_2C = C - Cl \\ | \\ H \end{matrix}$$

$$HC \equiv CH + H_2O \xrightarrow[\triangle]{催化剂} H_3C - CHO$$

（3）乙炔的加聚反应

乙炔在合适的催化剂和反应条件下，能通过加聚反应生成聚乙炔。聚乙炔可用于制备导电高分子材料。这种材料可用于制造移动电子设备的开关、轻便的彩色显示屏等，还可作为微波吸收材料，用于飞机与舰艇等的隐形涂料。

$$n HC \equiv CH \xrightarrow{催化剂} \begin{matrix} \end{matrix}\!\!-\!\!\begin{matrix} HC = CH \end{matrix}\!\!-\!\!\begin{matrix} \end{matrix}_n$$
聚乙炔

3. 乙炔的制法

实验室可用电石（CaC_2）与水反应制取乙炔，反应的化学方程式为：

$$CaC_2 + 2H_2O === Ca(OH)_2 + C_2H_2 \uparrow$$

电石与水的反应非常剧烈，为了减小其反应速率，可用饱和氯化钠溶液代替水作反应溶剂。反应制得的乙炔中一般含有硫化氢、磷化氢等杂质气体，可用硫酸铜溶液吸收，以防止其干扰探究乙炔化学性质的实验。乙炔属于可燃性气体，点燃前要先验纯，防止爆炸。

实验 4-5

如图 4-10 所示，在圆底烧瓶中放入几小块电石。打开分液漏斗的活塞，逐滴加入适量饱和氯化钠溶液，将产生的气体通入硫酸铜溶液后，再分别通入酸性高锰酸钾溶液和溴的四氯化碳溶液。最后换上尖嘴导管，先检验气体的纯度，再点燃乙炔，观察现象并完成表 4-4。

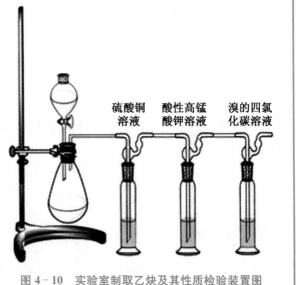

硫酸铜溶液　　酸性高锰酸钾溶液　　溴的四氯化碳溶液

图 4-10　实验室制取乙炔及其性质检验装置图

表 4-4 实验室制取乙炔及其性质检验

实验内容	实验现象
将饱和氯化钠溶液滴入盛有电石的烧瓶中	
将纯净的乙炔通过盛有酸性高锰酸钾溶液的试管中	
将纯净的乙炔通入盛有四氯化碳溶液的试管中	
点燃纯净的乙炔	

二、炔烃

炔烃的物理性质递变规律与烷烃、烯烃类似,沸点也随分子中碳原子数的递增而逐渐升高。炔烃的结构和性质与乙炔相似,都含有碳碳三键,能发生加成反应和氧化反应。

1. 炔烃的加成反应

炔烃在一定条件下可实现催化加氢,生成烯烃,并进一步加氢生成烷烃。

$$H_3C-C\equiv C-CH_3 + H_2 \xrightarrow[Pd(Ac)_2]{Pd/CaCO_3} \quad \underset{\text{顺-2-丁烯}}{H_3C \atop H}C=C{CH_3 \atop H}$$

炔烃也可以和卤素加成,生成加成产物——二卤代烷烃,但一般可以继续反应,生成四卤代烷烃。

$$R-C\equiv C-R + X_2 \longrightarrow RXC=CXR \xrightarrow{X_2} RX_2C-CX_2R$$

2. 炔烃的氧化反应

炔烃和氧化剂反应,往往可以使三键断裂,最后得到完全氧化的产物——羧酸或二氧化碳。

$$H_3C-C\equiv C-CH_2CH_3 \xrightarrow[H_2O]{KMnO_4} CH_3COOH + CH_3CH_2COOH$$

思考与练习

一、选择题

1. [多选题]下列说法正确的是(   )。
   A. 乙烯和乙炔都是直线形分子
   B. 乙烯和乙炔都能发生加成反应和聚合反应
   C. 乙炔分子中含有极性键和非极性键
   D. 乙炔与分子式为 C_4H_6 的烃一定互为同系物
2. 既可以鉴别乙烷和乙炔,又可以除去乙烷中含有乙炔的方法是(   )。
   A. 足量的溴的四氯化碳溶液   B. 与足量的液溴反应

C. 点燃 D. 在一定条件下与氢气加成

3. 关于炔烃的下列描述正确的是（　　）。

　A. 炔烃分子里的所有碳原子在同一直线上

　B. 炔烃易发生加成反应，也易发生取代反应

　C. 分子里含有碳碳三键的不饱和链烃的叫炔烃

　D. 炔烃不能使溴水褪色，但可以使高锰酸钾溶液褪色

4. 用乙炔为原料制备 $CH_2Br—CHBrCl$，可行的反应途径是（　　）。

　A. 先加 Cl_2，再加 Br_2 　　　　　　B. 先加 Cl_2，再加 HBr

　C. 先加 HCl，再加 Br_2 　　　　　　D. 先加 HCl，再加 HBr

5. 不能使酸性高锰酸钾溶液褪色的是（　　）。

　A. 乙烯　　　　　B. 聚乙烯　　　　　C. 丙烯　　　　　D. 乙炔

二、问答题

6. 两瓶没有标签的无色液体，一瓶是正己烷，一瓶是 1-己炔，用什么简单方法可以给它们贴上正确的标签？

7. 请写出戊炔所有属于炔烃的同分异构体的结构简式。

8. 请写出 1-丁炔与足量氢气完全反应的化学方程式。

第四节　苯及苯的同系物

在烃类化合物中，有许多分子里含有一个或多个苯环，这样的化合物属于芳香烃，苯是最简单的芳香烃。

一、苯的结构

苯是 1825 年由英国科学家法拉第（M. Faraday，1791—1867）首先发现的。苯可从石油和煤焦油中获得，与乙烯一样，苯也是一种重要的化工原料，其产品在今天的生活中无处不在，应用广泛。

苯的分子式：C_6H_6；它是一种环状有机化合物，其结构式为：

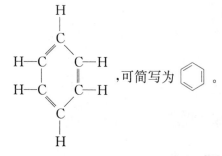

图 4-11　苯分子模型

从这样的结构式（称凯库勒式）来推测，苯的化学性质应显示不饱和的性质，但实验表明苯不与溴水、高锰酸钾溶液反应而使它们褪色。这说明苯与溴水、高锰酸钾溶液不发生反应。由此可见，苯在化学性质上与烯烃这样的不饱和烃有很大的差别。这是为什么呢？

对苯分子结构的进一步研究表明,在苯分子中并不存在单双键交替的结构,分子中的六个碳碳键是等同的,是一类介于碳碳单键和碳碳双键之间的特殊的碳碳键,分子中的六个碳氢单键也是等同的。分子中的六个碳原子和六个氢原子都在同一平面上(图 4-11)。为了表示苯分子的这一结构特点,常用结构式 ⟨◯⟩ 来表示苯分子。

二、苯的性质

苯通常是无色、带有特殊气味的液体,有毒,不溶于水,密度比水小,熔点为 5.5 ℃,沸点为 80.1 ℃;如用冰冷却,可凝成无色晶体。

苯不能被高锰酸钾溶液氧化,也不能与溴水发生加成反应,说明苯比烯烃稳定。但在一定条件下也能发生许多化学反应。

像大多数有机化合物一样,苯可以在空气中燃烧生成二氧化碳和水:

$$2C_6H_6 + 15O_2 \xrightarrow{\text{点燃}} 12CO_2 + 6H_2O$$

除此之外,苯也能发生取代反应、加成反应。

1. 苯的取代反应

苯的溴代反应:此反应在无水的条件下进行,反应物为无水苯、液溴,加入反应容器中的催化剂是铁屑,但起催化作用的是铁屑与液溴反应生成的 $FeBr_3$。苯与溴反应生成溴苯:

$$\langle\bigcirc\rangle + Br_2 \xrightarrow{FeBr_3} \langle\bigcirc\rangle\!-\!Br + HBr\uparrow$$

溴苯

在催化剂的作用下,苯也可与其他卤素发生取代反应。

苯的硝化反应:苯与浓硫酸、浓硝酸混合物共热至 55~60 ℃发生反应,苯环上的氢原子被硝基(—NO₂)取代,生成硝基苯。

$$\langle\bigcirc\rangle + HO\!-\!NO_2 \xrightarrow[\triangle]{\text{浓硫酸}} \langle\bigcirc\rangle\!-\!NO_2 + H_2O$$

硝基苯

2. 苯的加成反应

虽然苯不具有典型的双键所应有的加成反应性能,但在特殊情况下,它仍能够发生加成反应。如有镍催化剂存在和在 180~250 ℃的条件下,苯可以跟氢发生加成反应,生成环己烷。

$$\langle\bigcirc\rangle + 3H_2 \xrightarrow[\triangle]{\text{催化剂}} \begin{array}{c} \text{环己烷} \end{array}$$

环己烷

三、苯的同系物

苯环上的氢原子被烷基取代所得到的一系列产物称为苯的同系物，其通式为 C_nH_{2n-6}。苯的同系物一般是具有类似苯的气味的无色液体，不溶于水，易溶于有机溶剂，密度比水小。常见的苯的同系物及其部分物理性质见表4-5。

表4-5 常见的苯的同系物及其部分物理性质

苯的同系物	名称	熔点/℃	沸点/℃	密度/(g·cm⁻³)
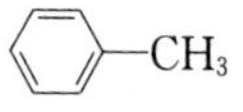 —CH₃	甲苯	−95	110.6	0.870
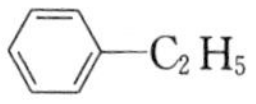 —C₂H₅	乙苯	−94.9	136.2	0.870
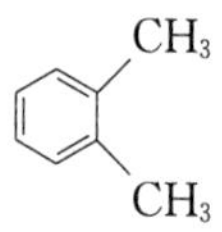 CH₃ CH₃	邻二甲苯	−25.5	144.4	0.880
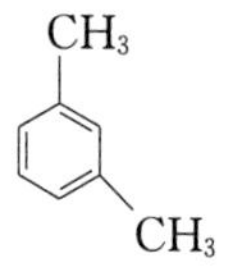 CH₃ CH₃	间二甲苯	−47.9	139.0	0.864
 H₃C——CH₃	对二甲苯	13.3	138.4	0.861

苯的同系物与苯均含有苯环，因此能在一定条件下发生溴代、硝化和催化加氢反应。但由于苯环与烷基的相互作用，苯的同系物的化学性质又与苯有所不同。

知识链接

苯分子结构学说

德国化学家凯库勒是一位极富想象力的学者，他曾提出了碳和碳原子之间可以连接成链这一重要学说。对于苯的结构，他在分析了大量的实验事实之后认为：这是一个很稳定的"核"，6个碳原子之间的结合非常牢固，而且排列十分紧凑，它可以与其他碳原子相连形成芳香族化合物。于是，凯库勒集中精力研究这6个碳原子的"核"。在提出了多种开链式结构但又因其与实验结果不符而一一否定之后，1865年他终于悟出闭合链的形式是解决苯分子结构的关键，他先以（Ⅰ）式（如图4-12）表示苯结构。1866年他又提出了（Ⅱ）式，后简化为（Ⅲ）式，也就是我们现在所说的凯库勒式。

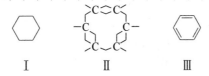

$$I \qquad\qquad II \qquad\qquad III$$

图 4 - 12 凯库勒提出的苯分子结构式

有人曾用 6 只小猴子形象地表示苯分子的结构(图 4 - 14)。

图 4 - 13 凯库勒与苯环结构 图 4 - 14 苯结构的形象表示

关于凯库勒悟出苯分子的环状结构的经过,一直是化学史上的一个趣闻。据他自己说这来自于一个梦。那是他在比利时的根特大学任教时,一天夜晚,他在书房中打起了瞌睡,眼前又出现了旋转的碳原子。碳原子的长链像蛇一样盘绕卷曲,忽见蛇咬住了自己的尾巴,并旋转不停。他像触电般地猛醒过来,整理苯环结构的假说,又忙了一夜。对此,凯库勒说:"我们应该会做梦! 那么我们就可以发现真理,但不要在清醒的理智检验之前,就宣布我们的梦。"

应该指出的是,凯库勒能够从梦中得到启发,成功地提出重要的结构学说,并不是偶然的。这是由于他善于独立思考,平时总是冥思苦想有关的原子、分子结构等问题,才会梦其所思;更重要的是,他懂得化合价的真正意义,善于捕捉直觉形象;加以事实为依据,以严肃的科学态度进行多方面的分析和探讨,这一切都为他取得成功奠定了基础。

思考与练习

一、填空题

1. 苯与甲烷都可以发生取代反应,反应条件分别是_____

_____。

2. 苯与乙烯都可以发生加成反应,反应条件分别是_____

_____。

二、选择题

3. 下列物质属于纯净物的是( )。

    A. 石油   B. 汽油   C. 柴油   D. 乙烯

4. 下列各组液体混合物中,不分层的是(　　)。

　　A. 苯和水　　　　　B. 酒精和水　　　　C. 油和水　　　　D. 三氯甲烷和水

5. 下列化合物中,不溶于水,且密度小于水的是(　　)。

　　A. 乙酸　　　　　　B. 乙醇　　　　　　C. 苯　　　　　　D. 四氯化碳

6. 在一定条件下,可与苯发生反应的是(　　)。

　　A. 酸性高锰酸钾溶液　　　　　　　　　B. 溴水

　　C. 纯溴　　　　　　　　　　　　　　　D. 氯化氢

7. 可被用于鉴别苯和甲苯的试剂是(　　)。

　　A. 水　　　　　　　　　　　　　　　　B. 溴水

　　C. 酸性高锰酸钾溶液　　　　　　　　　D. NaOH 溶液

8. 下列物质:① 甲烷、② 乙烯、③ 乙炔、④ 苯、⑤ 甲苯,既能使酸性高锰酸钾溶液褪色,又能使溴的四氯化碳溶液褪色的是(　　)。

　　A. ①②　　　　　　B. ②③　　　　　　C. ②④　　　　　　D. ④⑤

9. 苯的结构式可用 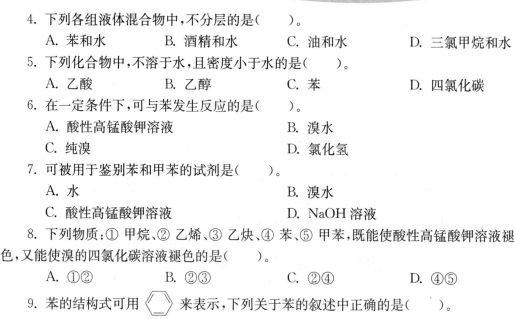 来表示,下列关于苯的叙述中正确的是(　　)。

　　A. 苯主要是以石油为原料而获得的一种重要化工原料

　　B. 苯中含有碳碳双键,所以苯属于烯烃

　　C. 苯分子中 6 个碳碳化学键完全相同

　　D. 苯可以与溴水、酸性高锰酸钾溶液反应而使它们褪色

10. 下列有关苯的叙述中错误的是(　　)。

　　A. 苯在催化剂作用下能与液溴发生取代反应

　　B. 在一定条件下苯能与氯气发生加成反应

　　C. 在苯中加入酸性高锰酸钾溶液,振荡并静置后下层液体为紫红色

　　D. 在苯中加入溴水,振荡并静置后下层液体为橙色

11. 苯的同系物 C_8H_{10},在铁作催化剂的条件下,与液溴反应,其中只能生成一种一溴化物的是(　　)。

第五节　烃的含氧衍生物

　　生活中的有机物种类丰富,其中乙醇和乙酸是两种常见的有机物,此外食物中的基本营养物质——糖类、油脂、蛋白质也是常见的有机物。了解认识这些物质对于人类日常生活、身体健康非常重要。

一、乙醇

乙醇俗称酒精,是人们熟悉的有机物,各种酒精饮料含有浓度不等的乙醇。75%(体积分数)的乙醇溶液常用于医疗消毒。

乙醇是无色、具有特殊香味的液体,20 ℃时密度是 0.789 kg/m³,沸点为 78.5 ℃,熔点为−117.3 ℃。乙醇易挥发,能与水以任意比例互溶,并能溶解多种有机物和无机物。

1. 乙醇与金属钠的反应

实验 4-6

在盛有少量无水乙醇的试管中,加入一块新切的、用滤纸擦干表面煤油的金属钠,在试管口塞上配有医用针头的单孔塞,用小试管倒扣在针头上,收集检验并验纯气体;然后点燃,观察实验现象,比较前面做过的水与钠反应的实验,并完成表 4-6,得出相应结论。

表 4-6　钠分别与水、乙醇的反应

项目 \ 物质	金属钠的变化	气体燃烧现象	检验产物	结论
水				
乙醇				

乙醇与金属钠反应产生了氢气,说明乙醇分子里有不同于烃分子里的氢原子存在。

乙醇与金属钠反应比水与金属钠反应平缓得多,说明乙醇羟基中的氢原子不如水分子中的氢原子活泼。

乙醇的分子式:C_2H_6O

乙醇的结构式:

$$
\begin{array}{c}
\quad H\ \ H \\
\quad |\ \ \ | \\
H-C-C-O-H \\
\quad |\ \ \ | \\
\quad H\ \ H
\end{array}
$$

图 4-15　乙醇分子结构模型

乙醇的结构简式:CH_3CH_2OH 或 C_2H_5OH。

乙醇分子里的—OH 基团称为羟基。

乙醇可以看成乙烷分子里的氢原子被羟基所取代的产物。像这些烃分子里的氢原子被其他原子或原子团所取代而生成的一系列化合物称为烃的衍生物。

乙醇与金属钠反应中,金属钠置换了羟基中的氢,生成了氢气和乙醇钠:

$$2CH_3CH_2OH + 2Na \longrightarrow 2CH_3CH_2ONa + H_2\uparrow$$

乙醇具有与乙烷不同的化学特性,这是因为其中的羟基对乙醇的化学性质起着重要的作用。像这种决定有机化合物化学特性的原子或原子团,叫作官能团。常见官能团如表 4-7 所示。

表 4 - 7　几种常见的官能团

名称	卤素原子	羟基	硝基	醛基	羧基
官能团	—X	—OH	—NO$_2$	—CHO 或 $-\overset{\displaystyle O}{\overset{\|}{C}}-H$	—COOH 或 $-\overset{\displaystyle O}{\overset{\|}{C}}-OH$

乙烯中的碳碳双键和苯环也是官能团。

2. 乙醇的氧化反应

乙醇在空气中燃烧时，放出大量的热：

$$CH_3CH_2OH + 3O_2 \xrightarrow{\text{点燃}} 2CO_2 + 3H_2O$$

此外，在一定条件下，乙醇可以与氧化剂发生反应。

实验 4 - 7

向一支试管中加入 3～5 mL 乙醇，取一根 10～15 cm 长的铜丝，下端绕成螺旋状，在酒精灯上灼烧至红热，插入乙醇中，反复几次。注意观察反应现象，小心试管中液体产生的气体。

乙醇在铜或银作催化剂的条件下，可以被空气中的氧气氧化为乙醛（CH$_3$CHO）：

$$2CH_3CH_2OH + O_2 \xrightarrow[\triangle]{\text{催化剂}} 2CH_3CHO + 2H_2O$$

乙醇还可以与酸性高锰酸钾溶液或酸性重铬酸钾溶液反应，直接氧化成乙酸。

黄酒中存在的某些微生物可以使部分乙醇氧化，转化为乙酸，因此，酒就有了酸味。

还有一些物质在结构与性质上与乙醇相似，如甲醇（CH$_3$OH）。甲醇也是一种重要的醇，也可以作燃料和溶剂，也是一种重要的化工原料。甲醇有毒，误饮甲醇或长期与甲醇蒸气接触可使眼睛失明，甚至死亡。工业酒精中常混有甲醇，因此，绝对不能饮用，也不能用来消毒。

二、乙醛

乙醛是无色、有刺激性气味的液体，密度比水小，沸点是 20.8 ℃，易挥发、易燃烧，能跟水、乙醇等互溶。

乙醛分子式是 C$_2$H$_4$O，结构式是 $H-\overset{\displaystyle H}{\underset{\displaystyle H}{C}}-\overset{\displaystyle H}{C}=O$

图 4 - 16　乙醛分子结构模型

结构简式是 CH$_3$CHO，在 CH$_3$CHO 中的—CHO 叫醛基。

1. 还原反应

使乙醛蒸气与氢气的混合物通过热的镍催化剂时，乙醛被还原成乙醇：

$$CH_3CHO + H_2 \xrightarrow{\text{催化剂}} CH_3CH_2OH$$

在有机化学反应中，通常还可以从加氢或去氢来定义氧化或还原反应，即去氢就是氧化反应,加氢就是还原反应。所以,乙醛跟氢气的反应也是氧化还原反应,乙醛加氢发生还原反应,乙醛有氧化性。

2. 氧化反应

乙醛较易发生氧化反应,用弱氧化剂就能使乙醛氧化。

实验4-8

在洁净的试管里加入1 mL质量分数为2%的硝酸银溶液,一边摇动试管,一边逐滴加入质量分数为2%的稀氨水,至最初产生的沉淀恰好溶解为止(此溶液叫银氨溶液)。然后加入3滴乙醛,振荡后,把试管放在热水浴中温热。不久,可以观察到在试管内壁上会附着一层光亮如镜的金属银。

在上述反应里,银氨溶液被还原成金属银,附着在试管内壁上,形成银镜。这个反应叫作银镜反应。反应中乙醛被氧化。

实验室里常用银镜反应检验醛基。工业上利用葡萄糖(含—CHO)发生银镜反应制镜和在保温瓶胆上镀银。

实验4-9

在试管里放入质量分数为10%的氢氧化钠溶液2 mL,滴入质量分数为2%的硫酸铜溶液4~5滴,振荡。然后加入0.5 mL乙醛溶液加热至沸腾,有砖红色沉淀生成。

乙醛还能被新制的氢氧化铜氧化生成红色的氧化亚铜沉淀。实验室利用该反应检验醛基。

$$CH_3CHO + 2Cu(OH)_2 + NaOH \xrightarrow{\triangle} CH_3COONa + Cu_2O\downarrow + 3H_2O$$

最简单的醛是甲醛,结构简式为HCHO。甲醛(又名蚁醛)为无色、具有刺激性气味的气体,易溶于水。35%~45%的甲醛水溶液又称福尔马林,用于杀毒、防腐和浸制生物标本。

甲醛的用途非常广泛,合成树脂、表面活性剂、塑料、橡胶、皮革、染料、农药、照相胶片、炸药、建筑材料以及消毒、熏蒸和防腐过程中均要用到甲醛,可以说甲醛是化学工业中的多面手。

三、乙酸

乙酸俗称醋酸。食醋的主要成分是乙酸,普通食醋中含有3%~5%的乙酸。乙酸是烃的重要衍生物。分子式:$C_2H_4O_2$,结构式:H—C—C—O—H,结构简式:CH_3COOH,乙酸的官能团为—COOH,叫作羧基。

乙酸为具有强烈刺激性气味的无色液体,沸点117.9℃,熔点16.6℃,低于16.6℃就凝结成冰状晶体,所以无水乙酸

图4-17 乙酸分子模型

又称冰醋酸。乙酸易溶于水和酒精。

1. 乙酸的酸性

乙酸在水溶液中能电离：$CH_3COOH \rightleftharpoons CH_3COO^- + H^+$，因而具有酸性，能使紫色石蕊溶液变红。乙酸的酸性比碳酸强，能与碳酸盐溶液反应放出 CO_2 气体。

$$2CH_3COOH + Na_2CO_3 \longrightarrow 2CH_3COONa + CO_2\uparrow + H_2O$$

2. 乙酸的酯化反应

实验 4 – 10

在一支试管中加入 3 mL 乙醇，然后边振荡边慢慢加入 2 mL 浓硫酸和 2 mL 乙酸；按图 4 – 18 连接好装置，用酒精灯缓慢加热，将产生的蒸汽经导管通到饱和碳酸钠溶液液面上，观察现象。

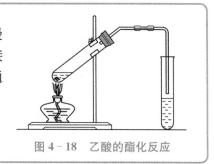

图 4 – 18 乙酸的酯化反应

可以看到液面上有透明的不溶于水的油状液体产生，并可以闻到香味。这种有香味的液体叫乙酸乙酯。反应方程式如下：

$$CH_3COOH + CH_3CH_2OH \underset{\triangle}{\overset{浓硫酸}{\rightleftharpoons}} CH_3COOCH_2CH_3 + H_2O$$

乙酸乙酯是酯类物质中的一种，这种醇和酸反应生成酯和水的反应叫作酯化反应。酯化反应是可逆反应。

四、糖类、油脂和蛋白质

人要保持正常的生命活动，就必须通过饮食摄取营养物质。在日常饮食中，每日摄取的有机物主要有哪些，你知道它们的主要成分吗？

表 4 – 8 摄取的主要有机物及其主要成分

有机物	面食	蔬菜	肉类	油类	蛋类
主要成分	淀粉	纤维素	油脂、蛋白质	油脂	蛋白质

人们习惯称糖类、油脂、蛋白质为动物性和植物性食物中的基本营养物质。为了能从化学角度去认识这些物质，我们先来了解这些基本营养物质的化学组成。

表 4 – 9 糖类、油脂和蛋白质代表物的化学组成

		元素组成	代表物	代表物分子
糖类	单糖	C、H、O	葡萄糖、果糖	$C_6H_{12}O_6$
	双糖	C、H、O	蔗糖、麦芽糖	$C_{12}H_{22}O_{11}$
	多糖	C、H、O	淀粉、纤维素	$(C_6H_{10}O_5)_n$

（续表）

		元素组成	代表物	代表物分子
油脂	油	C、H、O	植物油	不饱和高级脂肪酸甘油酯
	脂	C、H、O	动物脂肪	饱和高级脂肪酸甘油酯
蛋白质		C、H、O、N、S、P 等	酶、肌肉、毛发等	20 种基本氨基酸形成的高分子

$$
\begin{array}{cc}
H-C=O & H-C-OH \\
H-C-OH & C=O \\
H-C-OH & H-C-OH \\
H-C-OH & H-C-OH \\
H-C-OH & H-C-OH \\
H-C-OH & H-C-OH \\
\;\;\;\;\;H & \;\;\;\;\;H
\end{array}
$$

葡萄糖结构式　　　　　果糖结构式

葡萄糖、果糖的分子式完全相同，但分子内原子的排列方式不同，即分子的空间结构不同，它们互为同分异构体；蔗糖、麦芽糖的分子式相同，结构不同，也互为同分异构体；但淀粉、纤维素由于组成分子的 n 值不同，所以分子式不同，不能互为同分异构体。

糖类、油脂和蛋白质主要含有 C、H、O 三种元素，分子结构比较复杂，是生命活动必不可少的物质。这些物质都有哪些主要性质，我们如何识别它们呢？

1. 糖类、油脂、蛋白质的性质

（1）糖类和蛋白质的特征反应

实验 4 - 11

① 在洁净的试管里加入 1 mL 质量分数为 2% 的 $AgNO_3$ 溶液，边摇动试管边滴入质量分数为 2% 的稀氨水，至最初产生的沉淀刚好溶解为止，然后向银氨溶液中加入 1 mL 质量分数为 10% 的葡萄糖溶液，振荡、水浴加热。

② 将碘酒滴到一片土豆或面包上，观察并记录现象。

③ 在一支试管中加入 2 mL 鸡蛋清，再滴加 3～5 滴浓硝酸。在酒精灯上微热，观察并记录现象（表 4 - 10）。

表 4 - 10　糖类和蛋白质的特征反应

实验内容	实验现象	特征反应
① 葡萄糖		
② 淀粉		
③ 蛋白质		

葡萄糖特征反应：葡萄糖在碱性、热水浴加热条件下，与银氨溶液反应析出银，应用此反应可以检验葡萄糖，也可用此反应在玻璃和热水瓶胆上镀银。在加热条件下，葡萄糖可与新制的氢氧化铜反应产生砖红色沉淀，可用以检验葡萄糖，以前医疗上曾根据此原理测定患者尿中葡萄糖含量，现在已改用仪器检测，在家中则可以用特制的试纸来检测。

淀粉的特征反应：在常温下，淀粉遇碘变蓝色。

蛋白质的特征反应：硝酸可以使蛋白质变黄，称为蛋白质的颜色反应，常用来鉴别部分蛋白质。蛋白质也可以通过其烧焦时的特殊气味进行鉴别。

（2）糖类、油脂、蛋白质的水解反应

实验 4 - 12

取 1 mL 质量分数为 20％蔗糖溶液，加入 3～5 滴稀硫酸。水浴加热 5 分钟后取少量溶液，加 NaOH 溶液调溶液 pH 至碱性，再加入少量新制 $Cu(OH)_2$，加热 2～3 分钟，观察并记录现象。

现象：_____

双糖、多糖可以在稀硫酸的催化下，最终水解为葡萄糖和果糖：

$$C_{12}H_{22}O_{11} + H_2O \xrightarrow{\text{催化剂}} C_6H_{12}O_6 + C_6H_{12}O_6$$
蔗糖　　　　　　　　　　葡萄糖　　　果糖

$$(C_6H_{10}O_5)_n + nH_2O \xrightarrow{\text{催化剂}} nC_6H_{12}O_6$$
淀粉（或纤维素）　　　　　　　葡萄糖

油脂的水解反应：

① 在酸性条件下水解，生成高级脂肪酸、甘油。

$$\begin{array}{l} C_{17}H_{35}COOCH_2 \\ C_{17}H_{35}COOCH \\ C_{17}H_{35}COOCH_2 \end{array} + 3H_2O \underset{\triangle}{\overset{\text{硫酸}}{\rightleftharpoons}} 3C_{17}H_{35}COOH + \begin{array}{l} CH_2OH \\ CHOH \\ CH_2OH \end{array}$$

② 在碱性条件下水解又称皂化反应，其目的是制肥皂和甘油。

$$\begin{array}{l} C_{17}H_{35}COOCH_2 \\ | \\ C_{17}H_{35}COOCH \quad + 3NaOH \longrightarrow 3C_{17}H_{35}COONa + \\ | \\ C_{17}H_{35}COOCH_2 \end{array} \quad \begin{array}{l} CH_2OH \\ | \\ CHOH \\ | \\ CH_2OH \end{array}$$

蛋白质在酶等催化剂作用下也可以水解，最终生成氨基酸。

2. 糖类、油脂、蛋白质在生产生活中的应用

（1）糖类物质的主要应用

糖类物质是绿色植物光合作用的产物，是动、植物所需能量的重要来源。我国居民传统膳食以糖类为主，约占食物 80%；每天的能量约 75% 来自糖类。

葡萄糖、果糖是单糖，主要存在于水果和蔬菜中，动物的血液中也含有葡萄糖。人体正常血糖含量为 100 mL 血液中约含葡萄糖 80～100 mg。葡萄糖是重要的工业原料。主要用于食品加工、医疗输液、合成补钙药物及维生素 C 等。

蔗糖主要存在于甘蔗（含糖质量分数为 11%～17%）和甜菜（含糖质量分数为 14%～24%）中。食用白糖、冰糖等就是蔗糖。

淀粉和纤维素是食物的重要组成成分，也是一种结构复杂的天然高分子化合物。淀粉主要存在于植物的种子和块茎中，如大米含淀粉约 80%，小麦含淀粉约 70%，马铃薯含淀粉约 20%。淀粉除做食物外，主要用来生产葡萄糖和酒精。纤维素是植物的主要成分，植物的茎、叶和果皮中都含有纤维素。食物中的纤维素主要来源于干果、鲜果、蔬菜等。人体中没有水解纤维素的酶，所以纤维素在人体中主要是加强胃肠的蠕动。其他一些富含纤维素的物质还可以用来造纸及纤维素硝酸酯、纤维素乙酸酯和黏胶纤维等。

（2）油脂的主要应用

油脂分布十分广泛，各种植物的种子、动物的组织和器官中都存在一定数量的油脂，特别是油料作物的种子和动物皮下的脂肪组织，油脂含量丰富。人体中的脂肪约占体重的 10%～20%。油脂中的碳链含碳碳双键时，主要是低沸点的植物油；油脂中的碳链为碳碳单键时，主要是高沸点的动物脂肪。

油脂是食物组成中的重要部分，也是产生能量最高的营养物质。1 g 油脂在完全氧化（生成 CO_2 和 H_2O）时，放出热量约 39 kJ，大约是等量糖或蛋白质的 2 倍。成人每日需要进食 50～60 g 脂肪以提供日需热量的 20%～25%。

脂肪在人体内的化学变化主要是在脂肪酶的催化作用下，进行水解，生成甘油（丙三醇）和高级脂肪酸，然后分别进行氧化分解，释放能量。油脂同时还有保持体温和保护内脏器官的功能。

油脂能增强食物的滋味，增进食欲，保证机体的正常生理功能。但过量地摄入脂肪，可能引起肥胖、高血脂、高血压，也可能诱发乳腺癌、肠癌等恶性肿瘤。因此在饮食时要注意控制油脂的摄入量。

（3）蛋白质的主要应用

蛋白质是细胞结构里复杂多变的高分子化合物，存在于一切细胞中。组成蛋白质的氨基酸有必需和非必需之分。必需氨基酸是人体生长发育和维持氮元素稳定所必需的，人体不能合成，只能从食物中补给，共有 8 种；非必需氨基酸可以在人体中利用氮元素合

成，不需要由食物供给，有 12 种。

蛋白质是人类必需的营养物质。成人每天大约要摄取 60～80 g 蛋白质，才能满足生理需要，保证身体健康。蛋白质在人体胃蛋白酶和胰蛋白酶的作用下，经过水解最终生成氨基酸。氨基酸被人体吸收后，重新结合生成人体所需要的各种蛋白质，其中包括上百种的激素和酶。人体内的各种组织蛋白质也在不断分解，最后主要生成尿素，排出体外。

蛋白质在工业上也有很多应用。富含蛋白质的动物的毛、皮和蚕丝等可以制作服装；富含蛋白质的动物胶可以制造照相用的片基，驴皮制的阿胶还是一种药材。从牛奶中提取的富含蛋白质的酪素，可以用来制作食品和塑料。

酶是一类特殊的蛋白质，是生物体内重要的催化剂。人们已经知道了数千种酶，其中部分在工业生产中被广泛应用。

知识链接

食品添加剂

俗话说"民以食为天"，色、香、味俱全的食物，可使人食欲大增。中国的厨艺十分讲究色、香、味，而要使色、香、味俱佳，就离不开食品添加剂。

一部分天然食物如水果等，本身已具有鲜艳的颜色、清甜的香气和可口的味道，不需要任何加工就可以刺激人的食欲。但有一部分天然食物如蔬菜、马铃薯等，本身没有可口的味道；有一些食物则在加工后会失去原来的颜色、味道或营养成分；还有一些食物非常容易腐坏变质。因此，我们经常会在食物中加入一些化学合成的或天然的物质，这些物质就称为食品添加剂。日常生活中经常会接触到的食盐、酱油、醋、味精等就是最常用的食品添加剂。

食品添加剂的使用只要是在规定的范围内，就不会对人体有害。不过有些不法厂家为了利益进行不合格的生产就会对人体造成危害。也就是说，食品添加剂不都是苏丹红、三聚氰胺、瘦肉精等物质，它们算不上食品添加剂，只是非法添加物。在国际上，食品添加剂按来源可分为三类：一是天然提取物；二是利用发酵等方法制取的物质，如聚赖氨酸等，它们有的虽是化学合成的但其结构和天然化合物结构相同；三是纯化学合成物，如苯甲酸钠。纯天然的食品添加剂虽然对人体无害但是价格很高，一般食品生产厂家不会用。生物发酵产生的添加剂较常用，其成分与天然的一样，价钱却便宜很多，像聚赖氨酸，就是经微生物发酵取得，是由赖氨酸聚合而成，食用后，经人体分解为人体必需的八种氨基酸之一赖氨酸，对人体绝对无毒副作用，可以安全食用。生物发酵类添加剂是以后食品添加剂的大趋势。

一、着色剂

有些食品经过加工（如烹煮、长时间存放）后，它们本身含有的色素会减少，甚至消失。为了美化食品的外观，人们常在食品中加入一些天然或人造色素以使食品具有诱人的颜色。如胡萝卜素、胭脂红、柠檬黄、苋菜红等色素混合运用，可以制造出多种颜色的糖果、饮料及其他食品。

在规定范围内使用着色剂一般认为对健康是无害的,但超量使用着色剂对人体是有害的。所以大多数国家对市面上销售的食品所用色素的种类和用量都有严格的规定。例如,为了保障婴儿的健康,很多国家已明确规定婴儿食品内不能加入任何着色剂。

二、调味剂

调味剂是指改善食品的感官性质,使食品更加美味可口,并能促进消化液的分泌和增进食欲的食品添加剂。食品中加入一定的调味剂,不仅可以改善食品的感观性,使食品更加可口,而且有些调味剂还具有一定的营养价值。调味剂的种类很多,主要包括咸味剂(主要是食盐)、甜味剂(主要是糖、糖精等)、鲜味剂、酸味剂等。

咸味剂主要是氯化钠(食盐),它对调节体液酸碱平衡,保持细胞和血液间渗透压平衡,刺激唾液分泌,参与胃酸形成,促进消化酶活动均有重要作用。

甜味剂是指赋予食品或饲料以甜味的食物添加剂。世界上使用的甜味剂很多,有几种不同的分类方法:按其来源可分为天然甜味剂和人工合成甜味剂;按其营养价值分为营养性甜味剂和非营养性甜味剂;按其化学结构和性质分为糖类和非糖类甜味剂。糖醇类甜味剂多由人工合成,其甜度与蔗糖差不多。因其热值较低,或因其与葡萄糖有不同的代谢过程,尚可有某些特殊的用途。非糖类甜味剂甜度很高,用量少,热值很小,多不参与代谢过程。常称为非营养性或低热值甜味剂,也称高甜度甜味剂,是甜味剂的重要品种。

鲜味剂主要是指增强食品风味的物质,例如味精(谷氨酸钠)是目前应用最广的鲜味剂。现在市场上出售的味精有两种:一种呈结晶状,含100%谷氨酸钠盐,另一种是粉状的,含80%谷氨酸钠盐。味精有特殊鲜味,但在高温下(超过120℃)长时间加热会分解生成有毒的焦谷氨酸钠,所以在烹调中,不宜长时间加热。此外,味精不是营养品,仅作调味剂,不能当滋补品使用。

酸味剂是以赋予食品酸味为主要目的化学添加剂。酸味给味觉以爽快的刺激,能增进食欲,另外酸还具有一定的防腐作用,又有助于钙、磷等营养的消化吸收。酸味剂主要有柠檬酸、酒石酸、苹果酸、乳酸、醋酸等。其中柠檬酸在所有的有机酸中酸味最缓和可口,它广泛应用于各种汽水、饮料、果汁、水果罐头、蔬菜罐头等。

食品中加入调味剂的量有严格的规定,摄入过多的调味剂对人体有害。例如,长期进食过量的食盐会引起高血压,使人体的肾脏受损;味精虽然能增加食品的鲜味、促进食欲,但有些人对味精过敏,可导致口渴、胸痛、呕吐等;研究表明,人体大量摄入糖精有可能致癌,因此,许多国家都限制食品中糖精的含量。

三、防腐剂

绝大多数食品都含有营养物质,所以很容易使细菌和真菌滋生,产生毒素,使食物变质,特别是那些需要长时间储存的精制食品,更容易滋生细菌和真菌。细菌的威力非常惊人,如"肉毒菌",它能产生世界上最毒的物质——肉毒素,这种毒素只需1克便可毒死200万人;"黄曲霉",它所产生的"黄曲霉毒素"是最强的致癌物质之一。黄曲霉毒素的毒性是氰化钾的 20 倍，而肉毒素是氰化钾的 2 万倍。此外还有痢疾杆菌、致病性大肠杆菌、副溶血弧菌、沙门菌、金黄色葡萄球菌等。如果食品在加工和储存过程中沾染了这些有害微生物，对消费者来说实在是太可怕了。

此外，由于微生物的活动而造成的食品变质、变味，失去原有营养价值的现象，也是人们所不愿看到的。这就需要用到食品防腐剂。

食品防腐剂可以有效地解决食品在加工、储存过程中因微生物"侵袭"而变质的问题，使食品在一般的自然环境中具有一定的保存期。目前，世界各国允许使用的食品防腐剂种类很多，中国允许在一定量内使用的防腐剂有 30 多种。包括：苯甲酸及其钠盐、山梨酸及其钾盐、二氧化硫、焦亚硫酸钠（钾）、丙酸钠（钙）、对羟基苯甲酸乙酯、脱氢醋酸等。其中使用较多的是山梨酸和苯甲酸及其盐类。因此，大多数精制食品都要加一些防腐剂，以抑制各种微生物的繁殖，减慢食品变质速率，延长储存时间。

防腐剂在食品中得到广泛使用，是因为它能有效防止食品由微生物所引起的腐败变质现象，从而延长食品的保存期。可以说，没有食品防腐剂就没有现代食品工业，食品防腐剂对现代食品工业的发展做出了很大贡献。但是，随着科学技术的进步，人们逐步发现化学合成食品防腐剂对人体健康的巨大威胁。同时随着人们生活和消费水平的提高，人们对食品的安全水平提出了更高的要求，食品防腐剂的发展也将呈现出新的趋势。

四、营养强化剂

食品中加入食品营养强化剂是为了补充食品中缺乏的营养成分或微量元素，如食盐中加碘，粮食制品中加赖氨酸，食品中加维生素或硒、锗等。在食品加工时适当地添加某些属于天然营养范围的食品营养强化剂，可以大大提高食品的营养价值，这对防止营养不良和营养缺乏、促进营养平衡、提高人们健康水平具有重要意义，但是否需要食用含有营养强化剂的食品，应根据每个人的不同情况或医生的建议而定。随着现代食品工业的发展，食品添加剂已成为人类生活中不可或缺的物质。我国对食品添加剂的使用有严格政策限定，一般来说不违规、不超量超范围地使用食品添加剂是安全的。只是对儿童、孕妇这样的特殊人群来说，选择食物需要谨慎。

思考与练习

一、填空题

1. 乙醇的分子式是_____，结构式是_____，结构简式是_____。乙醇从结构上可看成是_____基和_____基相连而构成的化合物。在医学上常用于消毒的酒精中乙醇含量为_____％。

2. 乙酸从结构上可看成是_____基和_____基相连而构成的化合物。乙酸的化学性质主要由_____基决定。乙酸的电离方程式：_____，乙酸能使紫色石蕊试液变_____色,乙酸与碳酸钠反应的化学方程式为_____，观察到的现象是_____，这个反应说明乙酸的酸性比碳酸_____。

3. 把一端弯成螺旋状的铜丝放在酒精灯外焰部分加热,可看到铜丝表面变_____色,生成的物质是_____，立即将它插入盛乙醇的试管,发现铜丝表面变_____色,试管中有_____气味的物质生成,其化学方程式是_____。

二、选择题

4. 用来检验酒精中是否含有水的试剂是(　　)。
  A. 碱石灰　　　　　　B. 无水 $CuSO_4$　　　C. 浓硫酸　　　　　D. 金属钠

5. 可以证明乙酸是弱酸的事实是(　　)。
  A. 乙酸和水能以任意比例混溶
  B. 乙酸水溶液能使紫色石蕊试液变红色
  C. 醋酸能与碳酸钠溶液反应生成 CO_2 气体
  D. 乙酸能与乙醇发生反应

6. 炒菜时,又加酒又加醋,可使菜变得香味可口,原因是(　　)。
  A. 有盐类物质生成　　　　　　B. 有酸类物质生成
  C. 有醇类物质生成　　　　　　D. 有酯类物质生成

7. 与金属钠、氢氧化钠、碳酸钠均能反应的是(　　)。
  A. CH_3CH_2OH　　　　　　B. CH_3CHO
  C. CH_3OH　　　　　　　　D. CH_3COOH

8. 下列关于油脂的叙述不正确的是(　　)。
  A. 油脂属于酯类
  B. 粘有油脂的试管应该用 $NaOH$ 溶液洗涤
  C. 是高级脂肪酸的甘油酯
  D. 油脂能水解,酯不能水解

9. 下列对葡萄糖性质的叙述中错误的是(　　)。
  A. 葡萄糖具有醇羟基,能和酸起酯化反应
  B. 葡萄糖能使溴水褪色
  C. 葡萄糖能被硝酸氧化
  D. 葡萄糖能水解生成乙醇

10. 下列物质不需水解就能发生银镜反应的是(　　)
  A. 淀粉　　　　　B. 葡萄糖　　　　C. 蔗糖　　　　　D. 纤维素

11. 证明淀粉在酶作用下只部分发生了水解的实验试剂是(　　)
  A. 碘水　　　　　　　　　　　B. 氢氧化钠溶液、银氨溶液
  C. 烧碱溶液、新制氢氧化铜溶液　　D. 碘水、烧碱溶液、氢氧化铜悬浊液

12. 乙醇的体积分数为 75% 的医用酒精可用来消毒;这是因为(　　)。
  A. 乙醇与细菌蛋白质发生氧化反应

B. 乙醇使细菌蛋白质发生变性

C. 乙醇使细菌蛋白质发生盐析

D. 乙醇使细菌蛋白质发生水解反应

13. 为了鉴别某白色纺织品的成分是蚕丝还是"人造丝"，可选用的方法是（　　　）。

　　A. 滴加浓 HNO_3　　B. 滴加浓硫酸　　C. 滴加酒精　　D. 灼烧

14. 乙酸是生活中常见的一种有机物，下列关于乙酸的说法中正确的是（　　　）。

　　A. 乙酸的官能团为—OH

　　B. 乙酸的酸性比碳酸弱

　　C. 乙酸能够与金属钠反应产生氢气

　　D. 乙酸能使紫色的石蕊溶液变蓝

15. 关于生活中的有机物，下列说法不正确的是（　　　）。

　　A. 葡萄糖可以发生氧化反应、银镜反应和水解反应

　　B. 工业上利用油脂在碱性条件下的水解反应制取肥皂和甘油

　　C. 食用植物油的主要成分是高级不饱和脂肪酸甘油酯，是人体的营养物质

　　D. 皮肤接触浓硝酸变黄是蛋白质的颜色反应

16. 误食重金属盐，可使人中毒，可解毒的急救措施是（　　　）。

　　A. 服用蛋清　　　B. 服酵母片　　　C. 服葡萄糖水　　　D. 服大量食盐水

17. 下列叙述中，错误的是（　　　）。

　　A. 油脂在碱性条件下的水解反应为皂化反应

　　B. 淀粉、纤维素是多糖，是结构复杂的天然高分子化合物

　　C. 蛋白质在酶等催化剂的作用下，水解生成氨基酸

　　D. 市场上的加酶洗衣粉去除蛋白质油渍效果很好，可以用来洗涤毛织品、棉织品及化纤织品

18. 医院里检查患者是否患有糖尿病，是检测其尿液中的（　　　）。

　　A. 蛋白质　　　　B. 盐　　　　　C. 葡萄糖　　　　D. 脂肪

三、问答题

19. 糖类物质主要有哪几种，人类摄取的糖从何而来？

20. 没有成熟的苹果肉遇碘显蓝色，成熟的苹果汁能还原银氨溶液，怎样解释这两种现象？

21. 如何理解油脂、糖类、蛋白质等是人体生命基础物质？它们各自的功能是什么？

第六节　有机材料

　　前面我们已学习过无机非金属材料和金属材料，在材料家族中还有一大类非常重要的材料，就是有机材料。按材料的来源分，有机高分子化合物可以分为天然有机高分子化合物（如淀粉、纤维素、蛋白质、天然橡胶等）和合成有机高分子化合物（如聚乙烯、聚氯乙烯等）。日常生活中我们接触到的塑料、合成纤维、合成橡胶、黏合剂、涂料等都是合成高

分子材料,简称合成材料。随着社会的发展和科技的进步,合成材料的运用越来越广泛,它们在社会生活中起了越来越重要的作用。

高分子化合物多是由小分子通过聚合反应而制得的,因此也常被称为聚合物或高聚物,用于聚合的小分子则被称为"单体"。如聚乙烯塑料就是在适当温度、压强和有催化剂存在的情况下,乙烯双键里的一个键断裂,大量乙烯分子聚合而成。

$$CH_2=CH_2+CH_2=CH_2+CH_2=CH_2+\cdots$$
$$\longrightarrow -CH_2-CH_2-+-CH_2-CH_2-+-CH_2-CH_2-+\cdots$$
$$\cdots\cdots$$
$$\longrightarrow -CH_2-CH_2-CH_2-CH_2-CH_2-CH_2-\cdots$$

这个反应可以用下式简单表示:

$$nCH_2=CH_2 \xrightarrow{催化剂} \left[CH_2-CH_2\right]_n$$

乙烯　　　　　　　聚乙烯

像这一类合成高分子化合物的反应称为加成聚合反应,简称加聚反应。在聚乙烯这种高分子化合物中,$CH_2=CH_2$ 称为单体;重复单元$-CH_2-CH_2-$称为链节;n 称为聚合度,表示高分子化合物中所含链节的数目。

聚乙烯、聚氯乙烯、聚苯乙烯、聚丙乙烯、聚甲基丙烯酸甲酯(又称有机玻璃)、合成橡胶等合成高分子化合物都是由加聚反应制得的。

与乙醇和乙酸之间发生的酯化反应相类似,缩合聚合反应(简称缩聚反应)也是合成高分子化合物的一类重要反应。例如:

$$nHO-\overset{O}{\underset{}{C}}-\bigcirc-\overset{O}{\underset{}{C}}-OH + nHO-CH_2-CH_2-OH \longrightarrow$$

对苯二甲酸　　　　　　　　　乙二醇

$$HO\left[\overset{O}{\underset{}{C}}-\bigcirc-\overset{O}{\underset{}{C}}-O-CH_2-CH_2-O\right]_nH + (2n-1)H_2O$$

聚酯纤维(涤纶)、尼龙(锦纶)、醇酸树脂、环氧树脂、酚醛树脂(也称电木)等合成高分子化合物都是由缩聚反应制得。

一、塑料

塑料的主要成分是合成树脂,除此之外,还需要加入某些特定用途的添加剂,如增塑剂、稳定剂、着色剂、各种填料等。合成树脂的含量在塑料的全部组分中占 $40\%\sim100\%$,起着黏结的作用,它决定了塑料的主要性能,如机械强度、硬度、耐老化性、弹性、化学稳定性、光电性等。有些合成树脂具有热塑性,用它制成的塑料就是热塑性塑料(如聚乙烯、聚氯乙烯、聚丙烯、聚苯乙烯)。这种塑料可以反复加工,多次使用;相反地,像酚醛树脂,具有热固性,用它制成的塑料就是热固性塑料。这种塑料一旦加固成型,就不会受热熔化。我们日常生活中用得最多的食品袋、包装袋大部分由聚乙烯、聚氯乙烯制成。除此之外,表 4-11 列出了其他几种常见塑料的性能和用途。

表 4–11　几种常见塑料的性能和用途

化学成分	性能	用途
聚乙烯(PE)	电绝缘性好,耐化学腐蚀,耐寒,无毒	可制成薄膜食品、药物的包装材料,以及日常用品、绝缘材料、管道等
聚氯乙烯(PVC)	电绝缘性好,耐化学腐蚀,耐有机溶剂,耐磨,热稳定性差,遇冷变硬,透气性差	可制薄膜、软管、日常用品,以及管道、绝缘材料等,薄膜不能用来包装食品
聚丙烯(PP)	机械强度好,电绝缘性好,耐化学腐蚀,质轻,无毒。耐油性差,低温发脆,容易老化	可制薄膜、日常用品、管道、包装材料等
聚苯乙烯(PS)	电绝缘性好,透光性好,耐化学腐蚀,无毒,室温下硬、脆,温度较高时变软,耐油性差	可制高频绝缘材料,电视、雷达部件,医疗卫生用具,还可制成泡沫塑料用于防震、防湿、隔音、包装垫材等
聚甲基丙烯酸甲酯(有机玻璃,PMMA)	透光性好,质轻,耐水,耐酸、碱,抗霉,易加工,耐磨性较差,能溶于有机溶剂	可制飞机、汽车用玻璃,光学仪器,医疗器械,广告牌等
酚醛塑料(PF)	绝缘性好,耐热,抗水,化学稳定性能好,硬脆,易破碎,韧性差	可制电工器材,日常用品等
聚四氟乙烯(PTFE)	耐低温,高温,耐化学腐蚀,耐溶剂性好,电绝缘性好,加工困难	可制电气、航空、化学、医药、冷冻等工业的耐腐蚀、耐高温、耐低温的制品

　　随着生产的日益现代化和科学技术的迅速发展,人们根据需要制成了许多特殊用途的塑料,如工程塑料、增强塑料、改性塑料等。工程塑料作为工程材料和代替金属使用的塑料,显著的特征是机械强度高、耐化学腐蚀和耐高温性能强。工程塑料的成本比较高,但它对国民经济的发展有重要意义,近年来增长速度很快,形成了特种工程塑料、增强工程塑料、工程塑料合金等许多新的品种,成为塑料家族中重要一员。相信在不久的将来,工程塑料在宇宙航空、原子能工业和其他尖端技术领域必将发挥越来越重要的作用。

二、合成纤维

　　棉花、羊毛、木材和草类的纤维都是天然纤维。用木材和草类的纤维及棉花的短纤维经化学加工制成的黏胶纤维属于人造纤维。用石油、天然气、煤等为原料,经一系列的化学反应,制成合成高分子化合物,再经加工而制得的纤维是合成纤维。合成纤维和人造纤维又统称化学纤维。

　　合成纤维的使用性能有的已经超过了天然纤维。氯纶、锦纶、维纶、腈纶、涤纶、丙纶称为"六大纶",它们耐酸、耐碱性能都非常优良。还具有强度高、弹性好、耐磨、不发霉、不怕虫蛀和不缩水等优点,而且每一种还具有各自独特的性能。它们除了供人类穿着外,在生产和国防上也有很大用途。例如,锦纶可制衣料织品、降落伞绳、轮胎帘子线、缆绳和渔网等。

　　随着新兴科学技术的发展,近年来还出现了许多具有某些特殊性能的特种合成纤维,如芳纶纤维、碳纤维、防辐射纤维、光导纤维和防火纤维等。合成纤维缓解了粮棉争地的矛盾,满足人们对纺织品日益增长的需要,在国民经济发展中发挥愈来愈大的作用。

三、合成橡胶

橡胶是制造飞机、汽车和医疗器械所必须的材料,是重要的战略物资。天然橡胶主要来源于三叶橡胶树,当这种橡胶树的表皮被割开时,就会流出乳白色的汁液,称为胶乳。胶乳经凝聚、洗涤、成型、干燥即得天然橡胶。天然橡胶的结构是异戊二烯的高聚物;天然橡胶远远不能满足要求,于是科学家就开始研究用化学方法合成橡胶。合成橡胶是以石油、天然气为原料,以二烯烃和烯烃为单体聚合而成的高分子。合成橡胶一般在性能上不如天然橡胶全面,但它具有高弹性、绝缘性、气密性、耐油、耐高温或低温等性能,因而广泛应用于工农业、国防、交通及日常生活中。

合成橡胶分为通用橡胶和特种橡胶。通用橡胶如丁苯橡胶、顺丁橡胶、氯丁橡胶等。特种橡胶如耐热和耐酸碱的氟橡胶、耐高温和耐严寒的硅橡胶等。硅橡胶具有无毒、化学稳定性高、不易老化、表面光滑、易加工成型等特点,常作为口腔印模、基托衬层、颌面缺损修复和整容等材料,还可用来制作人工心脏瓣膜、人工胆管、导尿管等。

合成高分子材料的应用和发展,极大地方便了我们的生活。但是,合成高分子材料废弃物的急剧增加却带来了环境污染问题,一些塑料制品所带来的"白色污染"尤为严重。填埋作业是目前处理城市垃圾的一种主要方法,但混在垃圾中的塑料制品是一种不能被微生物分解的材料,埋在土里经久不烂,长此下去会破坏土壤结构,降低土壤肥效,污染地下水;如果焚烧废弃塑料,尤其是含氯塑料会严重污染环境。废弃塑料对海洋的污染也已成为国际问题,向海洋倾倒的塑料垃圾不仅危及海洋生物的生存,而且还曾缠绕在海轮的螺旋桨上,酿成海难事故。

近年来一些国家要求做到废塑料的减量化、再利用、再循环。近年来我国"消除白色污染、倡导绿色消费"成为环境宣传活动的主题。启动菜篮子计划、发放环保购物袋等已成为许多人的共同行动。总之,治理"白色污染"是每个公民的责任,建立既满足当代人的需要,又不威胁子孙后代和不污染环境的绿色文明,实行可持续发展战略,是我们正确的选择。

思考与练习

一、填空题

1. 塑料的主要成分是_____,热塑性塑料的特点是_____
_____;热固性塑料的特点是_____。
2. 人造纤维的原料是_____,合成纤维的原料是_____。
3. 合成橡胶是以_____为原料,以_____为单体聚合而成的。

二、选择题

4. 下列材料中属于合成高分子材料的是( )。
　A. 羊毛　　　　B. 棉花　　　　C. 黏合剂　　　　D. 蚕丝
5. 下列化合物不属于天然有机高分子化合物的是( )。

A. 淀粉　　　　　B. 油脂　　　　　C. 纤维素　　　　　D. 蛋白质

6. 下列叙述正确的是（　　）。

　　A. 高分子材料能以石油、煤等化石燃料为原料进行生产

　　B. 聚乙烯的分子中含有碳碳双键

　　C. 高分子材料中的有机物分子均呈链状结构

　　D. 橡胶硫化的过程中发生了化学反应

7. 下列关于生活中常用材料的认识中，正确的是（　　）。

　　A. 涤纶、羊毛和棉花都是天然纤维

　　B. 各种塑料在自然界都不能降解

　　C. 电木插座破裂后可以热修补

　　D. 装食品的聚乙烯塑料袋可以通过加热进行封口

8. 塑料的使用大大方便了人类的生活，但由此也带来了严重的"白色污染"，下列解决"白色污染"问题的措施中，不恰当的是（　　）。

　　A. 禁止使用任何塑料制品　　　　　B. 尽量用布袋等代替塑料袋

　　C. 重复使用某些塑料制品　　　　　D. 使用一些新型的、可降解的塑料

9. 现代以石油化工为基础的三大合成材料是（　　）。

　　① 合成氨　② 塑料　③ 医药　④ 合成橡胶　⑤ 合成尿素　⑥ 合成纤维

　　⑦ 合成洗涤剂

　　A. ②④⑦　　　　　B. ②④⑥　　　　　C. ①③⑤　　　　　D. ④⑤⑥

三、问答题

10. 写出由乙炔转化为氯乙烯和聚氯乙烯的化学方程式。请查阅资料，了解为什么聚氯乙烯塑料制品不能用于餐具和食品包装。

11. 汽车车身两侧遮罩车轮的挡板（翼子板），传统上多使用金属材料制造，现在已有塑料材质的问世。这种改变对汽车生产厂、车主和行人可能有哪些"好处"？请查阅资料，结合塑料的性能进行说明，并了解汽车上还有哪些部件使用了有机高分子材料。

本章小结

一、有机物结构特点

1. 结构特点：分子中碳原子呈四价；碳原子可以和其他原子形成共价键，也可以相互成键；碳原子间可以形成碳碳单键、双键、三键等；有机物可以形成链状分子，也可以形成环状分子。

2. 同系物：结构相似，在分子组成上相差一个或若干个—CH_2—原子团的物质互相称为同系物。

3. 同分异构体：具有相同的化学式，但具有不同结构的化合物互称同分异构体。

二、几种重要的有机化学反应

1. 取代反应：有机物分子里的某些原子或原子团被其他原子或原子团所代替的反应。

2. 加成反应：有机化合物分子中双键（或三键）两端的碳原子与其他原子（或原子团）直接结合生成新的化合物分子的反应。

3. 酯化反应：醇和酸反应生成酯和水的反应。

三、掌握几种重要的有机物的结构、性质和用途

甲烷、乙烯、乙醇、乙酸、苯、葡萄糖、油脂等。

章节测试

一、选择题

1. 下列关于有机物的用途，说法不正确的是（　　）。

　　A. 甲烷是一种热量高、污染小的清洁能源

　　B. 乙烯最重要的用途是作为植物生长调节剂

　　C. 乙醇是一种很好的溶剂，能溶解多种有机物和无机物

　　D. 酯类物质常用作饮料、糖果、香水、化妆品中的香料

2. 下列关于有机物的说法错误的是（　　）。

　　A. CCl_4 可由 CH_4 制得，可萃取碘水中的碘

　　B. 石油和天然气的主要成分都是碳氢化合物

　　C. 乙醇、乙酸和乙酸乙酯能用饱和 Na_2CO_3 溶液鉴别

　　D. 苯不能使酸性 $KMnO_4$ 溶液褪色，因此苯不能发生氧化反应

3. [多选题]以下有关物质结构的描述正确的是（　　）。

　　A. 甲苯分子中的所有原子可能共平面

　　B. 苯乙烯分子中的所有原子可能共平面

　　C. 二氯甲烷分子为正四面体结构

　　D. 乙烷分子中的所有原子不可能都在同一平面内

4. 用于制造隐形飞机的某种物质具有吸收微波的功能，其主要成分的结构简式为

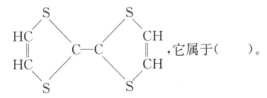 ，它属于（　　）。

　　A. 烃类　　　　　　　B. 无机物　　　　　　C. 有机物　　　　　　D. 烷烃

5. [多选题]向装有乙醇的烧杯中投入一小块金属钠，下列对该实验现象的描述中正确的是（　　）。

　　A. 钠块沉在乙醇液面的下面　　　　　　B. 钠块熔化成小球

　　C. 钠块在乙醇的液面上游动　　　　　　D. 钠块表面有气体放出

6. 制备 $CH_3COOC_2H_5$ 所需要的试剂是（　　）。

　　A. C_2H_5OH　　CH_3COOH

　　B. C_2H_5OH　　CH_3COOH　　浓硫酸

    C. C_2H_5OH　　3%的乙酸溶液　　浓硫酸

    D. C_2H_5OH　　冰醋酸　　3 mol/L H_2SO_4

7. "绿色能源"是科学家正在研究开发的新能源之一，高粱、玉米等绿色植物的种子经发酵、蒸馏就可以得到一种"绿色能源"。这种物质是（　　　）。

    A. 氢气　　　　　B. 甲烷　　　　　C. 酒精　　　　　D. 木炭

8. 下列物质不能使溴水褪色的是（　　　）。

    A. 乙烯　　　　　B. 二氧化硫　　　　　C. 丁烯　　　　　D. 丙烷

9. 酒精、乙酸、葡萄糖三种溶液，只用一种试剂就能区分开来，该试剂是（　　　）。

    A. 金属钠　　　　　　　　　　B. 石蕊试液

    C. 新制的 $Cu(OH)_2$ 悬浊液　　　D. $NaHCO_3$ 溶液

10. 把氢氧化钠溶液和硫酸铜溶液加入某病人的尿液中，微热时如果观察到红色沉淀，说明该尿液中含有（　　　）。

    A. 食醋　　　　　B. 白酒　　　　　C. 食盐　　　　　D. 葡萄糖

11. 向淀粉溶液中加少量稀硫酸，加热使淀粉水解，为测其水解程度，需要（　　　）。

    ① NaOH 溶液　　② 银氨溶液　　③ 新制的 $Cu(OH)_2$ 悬浊液　　④ 碘水

    A. ④　　　　　B. ②④　　　　　C. ①③④　　　　　D. ③④

12. 下列关于蛋白质的叙述正确的是（　　　）。

    A. 鸡蛋黄的主要成分是蛋白质　　　B. 鸡蛋生食营养价值更高

    C. 鸡蛋白遇碘变蓝色　　　　　　D. 蛋白质水解最终产物是氨基酸

13. 据估计，地球上的绿色植物通过光合作用每年能结合来自 CO_2 中的碳 1 500 亿吨和来自水中的氢 250 亿吨，并释放 4 000 亿吨氧气。光合作用的过程一般可用下式表示：

$$CO_2 + H_2O + 微量元素(P、N) \xrightarrow[叶绿素]{光能} 蛋白质、碳水化合物、脂肪等$$

下列说法不正确的是（　　　）。

    A. 某些无机物通过光合作用可转化为有机物

    B. 碳水化合物就是碳和水组成的化合物

    C. 叶绿素是光合作用的催化剂

    D. 增加植被，保护环境是人类生存的需要

14. 结构简式是 $CH_2{=}CHCH_2CHO$ 的物质不能发生（　　　）。

    A. 加成反应　　　B. 还原反应　　　C. 水解反应　　　D. 氧化反应

15. 下列各反应，属于加成反应的是（　　　）。

    A. $CH_4 + 2O_2 \longrightarrow CO_2 + 2H_2O$

    B. $CH_2{=}CH_2 + Br_2 \longrightarrow CH_2Br{-}CH_2Br$

    C. $2CH_3CH_2OH + O_2 \longrightarrow 2CH_3CHO + 2H_2O$

    D. $SO_2 + 2NaOH \longrightarrow Na_2SO_3 + H_2O$

二、填空题

16. 生的绿色苹果遇碘变蓝色，这是因为＿＿＿＿＿＿＿；熟的苹果汁能发生银镜反

应,原因是_____。

17. 分别写出甲烷、乙醇、乙酸和葡萄糖的结构简式:_____、_____、

_____、_____。

18. 完成下列化学方程式:

(1) 甲烷隔绝空气加强热:_____

(2) 乙醇在空气中燃烧:_____

(3) 乙醇和乙酸发生酯化反应:_____

(4) 乙醇在铜催化剂作用下与空气反应:_____

19. A、B、C、D、E 五种有机物,它们分子中 C、H、O 三种元素的质量比都是 6∶1∶8。在通常状况下,A 是一种有刺激性气味的气体,对氢气的相对密度为 15,其水溶液能发生银镜反应。B 的相对分子质量是 A 的 6 倍,C 和 B 是同分异构体,两物质都是具有甜味的白色晶体,但 B 常用作制镜工业的还原剂。D 和 E 两物质的蒸气密度都是 2.68 g/L(标准状况下),它们互为同分异构体,但 D 的水溶液能使石蕊试液变红,而 E 是不溶于水的油状液体,具有水果香味。试写出 A、B、C、D、E 的名称和 A、B、D、E 的结构简式:

A. _____,_____。

B. _____,_____。

C. _____。

D. _____,_____。

E. _____,_____。

20. 有下列 3 种有机化合物 A:$CH_2=CH_2$,B: ,C:CH_3COOH。

(1) 分别写出化合物 A、C 中官能团的名称:_____、_____。

(2) 3 种化合物中能使溴的四氯化碳溶液褪色的是_____(写名称);反应的化学方程式为_____。

(3) 3 种化合物中能与乙醇发生酯化反应的是_____(写名称);反应的化学方程式为_____;反应类型为_____。

(4) 3 种化合物中在铁催化作用下,能与溴发生反应的是_____(写名称);反应的化学方程式为_____。

实验部分

实验一　单质铁、铝及其化合物的性质

实验目的 ▶

加深对铝、铁等金属及其化合物的主要化学性质的认识。

实验用品 ▶

材料:试管、滴管、酒精灯、砂纸。

试剂:硫酸、盐酸、氯化铝溶液、氯化铁溶液、氯化亚铁溶液、氢氧化钠溶液、铝片、铁片。

实验步骤 ▶

一、与酸碱的反应

1. 在 2 支试管中分别放入用砂纸打磨好的大小相近的铝片和铁片。然后分别加入 2 mL 盐酸,观察现象。

思考:如何用化学方法鉴别铝片和铁片是否能与盐酸溶液反应。

2. 在 2 支试管中分别放入用砂纸打磨好的大小相近的铝片和铁片。然后分别加入 2 mL 氢氧化钠溶液,微微加热,观察现象。

思考:如何用化学方法鉴别铝片和铁片是否能与氢氧化钠溶液反应。

二、氢氧化物及其性质

1. 在 3 支试管中分别加入氯化铝溶液、氯化铁溶液、氯化亚铁溶液。然后分别加入 2 mL 氢氧化钠溶液,观察沉淀的颜色。再继续滴加氢氧化钠溶液,振荡,观察现象。

2. 在上述溶液中逐滴加入盐酸,并振荡试管,观察现象。

问题和讨论 ▶

1. 根据实验现象说明铝具有两性。
2. 分析氯化亚铁溶液加入氢氧化钠溶液后的变化。

实验二　浓硫酸的性质及硫酸根离子的检验

实验目的 ▶

1. 认识浓硫酸的特性,学习检验硫酸根离子的方法。
2. 练习吸收有害气体的实验操作,培养环保意识。

实验用品 ▶

材料:试管、烧杯、量筒、酒精灯、玻璃棒、胶头滴管、带导管的橡皮塞、铁架台、点滴板、滤纸、纸片、镊子、火柴、剪刀、脱脂棉。

试剂:铜片、$BaCl_2$ 溶液、Na_2SO_4 溶液、Na_2CO_3 溶液、浓硫酸、盐酸、品红试液、$CuSO_4 \cdot 5H_2O$。

实验步骤 ▶

一、浓硫酸的特性

1. 浓硫酸的稀释

在 1 支试管里注入约 5 mL 蒸馏水,然后小心地沿试管壁倒入约 1 mL 浓硫酸。轻轻振荡后,用手小心触摸试管外壁。稀释后的稀硫酸留待后面的实验使用。

2. 浓硫酸的脱水性和吸水性

在白色点滴板的孔穴中分别放入小纸片、火柴梗和少量 $CuSO_4 \cdot 5H_2O$。然后分别滴入几滴浓硫酸,观察现象。

3. 浓硫酸的氧化性

在 1 支试管中放入 1 小块铜片,加入 2 mL 浓硫酸,然后把试管固定在铁架台上。把 1 小条蘸有品红试液的滤纸放入带有单孔

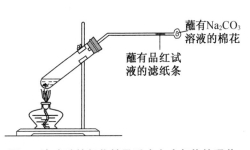

图 1　浓硫酸的氧化性及反应多余气体的吸收

蘸有Na_2CO_3
溶液的棉花

蘸有品红试
液的滤纸条

橡胶塞的玻璃管中。塞紧试管，在玻璃管口处缠放一团蘸有碳酸钠溶液的棉花。如图1所示。给试管加热，观察现象。待试管中的液体逐渐透明时，停止加热。微微加热玻璃管放有蘸过品红试液的滤纸处，观察现象。

待试管中的液体冷却后，将上层液体倒入大量水中，并向试管中加入 3 mL 水。观察现象。解释现象发生的原因，写出浓硫酸与铜反应的化学方程式。

二、硫酸根离子的检验

取少量实验步骤1所得的稀释的硫酸，滴入少量 $BaCl_2$ 溶液。观察现象。向沉淀里加入少量盐酸，观察现象。

在 2 支试管里分别加入少量 Na_2SO_4 溶液和 Na_2CO_3 溶液，并分别滴入少量 $BaCl_2$ 溶液，观察现象。再分别向这 2 支试管中滴加少量盐酸，观察现象。解释现象发生的原因，写出有关反应的化学方程式。

问题和讨论 ▶

1. 在做浓硫酸的氧化性实验时，为什么在玻璃管口处要缠放一团蘸有碳酸钠溶液的棉花？

2. 在化学实验中，常常会有有害气体产生，试举出几种防止尾气污染空气的方法。

实验三 探究乙醇、乙醛的性质

实验目的 ▶

1. 加深对乙醇和乙醛重要性质的认识。

2. 学会使用试管、滴管和加热等基本操作技能，初步学习水浴加热的方法。

实验用品 ▶

材料：试管、试管夹、烧杯、量筒、滴管、玻璃片、镊子、小刀、酒精灯、滤纸、火柴。

试剂：无水乙醇、乙醇、10％ NaOH 溶液、2％ $AgNO_3$ 溶液、2％ 氨水溶液、2％ $CuSO_4$ 溶液、乙醛稀溶液、金属钠、铜丝、pH 试纸、热水、蒸馏水。

实验步骤

1. 乙醇的重要性质

（1）乙醇与钠的反应

在干燥的试管里，加入 3～4 mL 无水乙醇，再放进一小块新切开并立即用滤纸擦干的黄豆大小的金属钠，观察实验现象。写出反应的化学方程式。

（2）乙醇氧化生成乙醛的反应

在试管里加入 3～4 mL 乙醇，把一端弯成螺旋状的铜丝放在酒精灯火焰上加热，使铜丝表面生成一薄层黑色的氧化铜，立即把它插入盛有乙醇的试管里，这样反复操作几次，注意闻一闻生成物的气味，并观察铜丝表面的变化。写出这个反应的化学方程式。

2. 乙醛的重要性质

（1）在试管里先注入少量 NaOH 溶液，振荡，然后加热煮沸。把 NaOH 溶液倒去后，再用蒸馏水洗涤试管备用。

（2）银镜反应

图 2　银镜

在洗净的试管里注入 2～3 mL 质量分数为 2％的 AgNO₃ 溶液，然后逐滴滴入质量分数为 2％的氨水溶液，边滴边振荡，直到最初生成的沉淀刚好溶解为止。然后沿试管内壁滴入 3 滴乙醛稀溶液，把试管放在盛有热水的烧杯里（如图 2），静置几分钟，观察试管内壁有什么现象产生。解释这个现象，并写出反应的化学方程式。

（3）乙醛被新制的氢氧化铜氧化

在洁净的试管里注入质量分数为 10％的 NaOH 溶液 3 mL，再滴入质量分数为 2％的 CuSO₄ 溶液 8～10 滴，振荡。然后加入 1.0 mL 乙醛稀溶液，给试管里的液体加热至沸腾，观察有什么现象产生。解释现象，并写出反应的化学方程式。

问题和讨论

1. 可以用什么方法检验乙醇与钠反应所产生的气体？
2. 做银镜反应实验用的试管，为什么要用热的 NaOH 溶液洗涤？

实验四　固体肥皂的制备

实验目的 ▶

了解肥皂的制取过程，认识油脂的重要性质——皂化反应。

实验用品 ▶

材料：烧杯、量筒、蒸发皿、滴管、纱布、玻璃棒、铁架台、石棉网、酒精灯、火柴。
试剂：植物油（或动物油）、30％ NaOH 溶液、NaCl 饱和溶液、蒸馏水、香料。

实验步骤 ▶

1. 用三个量筒分别取植物油 8 mL、乙醇 8 mL、质量分数为 30％的 NaOH 溶液 4 mL，倒入同一个干燥蒸发皿中。

2. 把盛有原料的蒸发皿放在铁架台的铁圈上，并点燃酒精灯给其加热，为了使原料受热均匀，充分皂化，要用玻璃棒不断搅拌，加热至混合物变稠。

3. 将油脂和碱经过皂化反应后形成的稠状物，一边用玻璃棒搅拌，一边加入饱和的氯化钠溶液 25 mL，看到溶液分上下两层，有肥皂析出，最后肥皂成为糊状浮在液体上面，下层为黄色或黄褐色的水液层。其中加入氯化钠溶液的作用是使肥皂析出（盐析），因为氯化钠降低了高级脂肪酸钠的溶解性。玻璃棒搅拌的目的是使氯化钠溶液与蒸发皿中液体混合均匀。

4. 用纱布将盐析后的混合液过滤，并将纱布上的固体混合物挤干，加香料（松香）压制成条形，晾干即可。

问题和讨论 ▶

1. 植物油在氢氧化钠作用下发生了什么反应？反应类型是什么？写出化学反应方程式。

2. 植物油的成分是什么？肥皂的成分是什么？

3. 在实验步骤 3 中加入饱和氯化钠溶液的作用是什么？原因是什么？玻璃棒搅拌的作用是什么？在实验步骤 3 中混合液产生了怎样的现象？其中加入饱和氯化钠的溶液的作用是什么？

4. 肥皂去污的原理是什么？

实验五 探究蛋白质的性质

实验目的 ▶

1. 使学生了解蛋白质的组成、性质和用途。
2. 学习几种常用的鉴定蛋白质和氨基酸的方法。

实验用品 ▶

材料:试管、烧杯、试管夹、酒精灯、火柴、胶头滴管、镊子、玻璃棒、纱布、钥匙。

试剂:$(NH_4)_2SO_4$ 饱和溶液、Na_2SO_4 饱和溶液、鸡蛋白水溶液、醋酸铅溶液、浓硝酸、豆腐、棉线、纯毛线、蒸馏水。

实验步骤 ▶

1. 蛋白质的灼烧

分别点燃一小段棉线和纯毛线,观察现象并注意闻气味。

2. 蛋白质的盐析

向两支试管中分别加入 2 mL 蛋白质水溶液,向其中一支试管中慢慢滴加 $(NH_4)_2SO_4$ 饱和溶液,振荡出现沉淀。在另一支试管中也慢慢滴加 Na_2SO_4 饱和溶液,振荡出现沉淀。向两支试管中各加入蒸馏水,观察沉淀是否溶解。

3. 蛋白质的变性

向两支试管中各加入蛋白质溶液 3 mL,将一支试管在酒精灯火焰上加热,观察现象。

向另一支试管中滴加几滴醋酸铅溶液,振荡观察现象。向产生沉淀的两支试管中都加入蒸馏水,观察沉淀是否溶解。

4. 蛋白质的颜色反应

在试管中加入 2 mL 鸡蛋白水溶液,然后继续向试管中滴入几滴浓硝酸,振荡,点燃酒精灯对试管微微加热。观察现象。

5. 食物中蛋白质的检验

(1) 取 5 g 豆腐,放在烧杯中,再加入 10 mL 蒸馏水,用玻璃棒搅拌,使豆腐全部捣碎。用纱布过滤,得白色豆腐滤渣。

(2) 在试管中加入少量白色豆腐滤渣,再滴加少量浓硝酸,加热。观察现象。

问题和讨论 ▶

　　1. 蛋白质变性与蛋白质盐析作用的区别是什么？你还知道哪些因素可以使蛋白质发生变性？这一性质在生活中有哪些应用？

　　2. 有人发现市场上销售的丝巾不是真丝的，如何来鉴别？

　　3. 在鸡蛋白的水溶液里分别加入$(NH_4)_2SO_4$饱和溶液和$CuSO_4$溶液，都会产生固体物质，两者有什么不同？

模拟测试题(一)

一、选择题

1. 下列物质中属于纯净物的是(　　)。

    A. 液氧　　　　　　B. 氯水　　　　　　C. 漂白粉　　　　　　D. 盐酸

2. 下列物质中,属于电解质的是(　　)。

    A. NaCl 溶液　　　B. O_2　　　　　　C. $BaSO_4$　　　　　D. 盐酸

3. 下列反应中,不属于氧化还原反应的是(　　)。

    A. $3Cl_2 + 6KOH == 5KCl + KClO_3 + 3H_2O$

    B. $2AgNO_3 + BaCl_2 == 2AgCl\downarrow + Ba(NO_3)_2$

    C. $2KMnO_4 \xrightarrow{\triangle} K_2MnO_4 + MnO_2 + O_2\uparrow$

    D. $CuO + H_2 \xrightarrow{\triangle} Cu + H_2O$

4. 下列反应的离子方程式正确的是(　　)。

    A. 氢氧化铁跟盐酸反应:$Fe(OH)_3 + 3H^+ == Fe^{3+} + 3H_2O$

    B. 碳酸钙加醋酸溶液:$2H^+ + CaCO_3 == Ca^{2+} + CO_2\uparrow + H_2O$

    C. 钠跟水的反应:$Na + 2H_2O == Na^+ + 2OH^- + H_2\uparrow$

    D. 硫酸铜溶液与氢氧化钡溶液反应:$Ba^{2+} + SO_4^{2-} == BaSO_4\downarrow$

5. 下列关于 $0.1 \text{ mol/L } Ba(NO_3)_2$ 溶液正确的说法是(　　)。

    A. 该溶液可由 1 L 水中溶解 $0.1 \text{ mol } Ba(NO_3)_2$ 制得

    B. 1 L 溶液中含有 Ba^{2+} 和 NO_3^- 总数为 $3\times6.02\times10^{22}$

    C. 0.5 L 溶液中 Ba^{2+} 的物质的量浓度为 0.2 mol/L

    D. 0.5 L 溶液中 NO_3^- 的物质的量浓度为 0.5 mol/L

6. Na 与 H_2O 反应现象明显,下列现象中不能观察到的是(　　)。

    A. Na 浮在水面上　　　　　　　　B. Na 在水面上游动

    C. Na 沉在水下　　　　　　　　　D. Na 熔成光亮小球

7. 对于同一周期从左到右的主族元素,下列说法中错误的是(　　)。

    A. 单质的熔、沸点逐渐升高　　　B. 元素的非金属性逐渐增强

    C. 最高正化合价逐渐增大　　　　D. 原子半径逐渐减小

8. 下列关于氯水的叙述中,正确的是(　　)。

    A. 新制氯水中既有分子,又有离子

    B. 新制氯气可以使干燥的布条褪色

    C. 新制氯水在光照的条件下,可以产生气体,该气体是氯气

    D. 新制氯水中滴加硝酸银溶液,没有任何现象

9. "嫦娥五号"成功着陆月球,实现了中国首次月球无人采样返回。月壤中的 ^{3}He 可用于核聚变,下列说法正确的是(　　)。

    A. ^{3}He 和 ^{4}He 核外电子数相等　　　　　　　B. ^{3}He 和 ^{4}He 是同种核素

    C. ^{3}He 和 ^{4}He 中子数相等　　　　　　　　D. 由 ^{3}He 组成的单质为 ^{3}He$_2$

10. "垃圾是放错了位置的资源"。生活中废弃的铁锅、铝制易拉罐、铜导线等可以归为一类加以回收,它们属于(　　)。

    A. 酸　　　　　　　　B. 碱　　　　　　　　C. 盐　　　　　　　　D. 金属或合金

11. 将 SO_2 通入品红溶液中,红色消失的原因是(　　)。

    A. SO_2 的氧化性　　　　　　　　　　　　B. SO_2 的还原性

    C. SO_2 溶于水显酸性　　　　　　　　　　D. SO_2 的漂白性

12. 常温下,将铜片投入到下列溶液中,会产生气体的是(　　)。

    A. 稀硫酸　　　　　B. 稀盐酸　　　　　C. 浓硝酸　　　　　D. 浓硫酸

13. 下列物质属于烃类的是(　　)。

    A. H_2CO_3　　　　B. C_6H_6　　　　C. C_2H_4O　　　　D. H_2O

14. 下列各反应,属于加成反应的是(　　)。

    A. $CH_4 + 2O_2 \longrightarrow CO_2 + 2H_2O$

    B. $CH_2 = CH_2 + Br_2 \longrightarrow CH_2Br—CH_2Br$

    C. $2CH_3CH_2OH + O_2 \longrightarrow 2CH_3CHO + 2H_2O$

    D. $SO_2 + 2NaOH \longrightarrow Na_2SO_3 + H_2O$

15. 医院里检查患者是否患有糖尿病,是检测其尿液中的(　　)。

    A. 蛋白质　　　　　B. 盐　　　　　　　C. 葡萄糖　　　　　D. 脂肪

16. 结构简式是 $CH_2=CHCH_2CHO$ 的物质不能发生(　　)。

    A. 加成反应　　　　B. 还原反应　　　　C. 水解反应　　　　D. 氧化反应

17. 化学电池可以直接将化学能转化为电能,化学电池的本质是(　　)。

    A. 化合价的升降　　B. 电子的转移　　C. 氧化还原反应　　D. 电能的储存

二、判断题

18. 炼丹术和炼金术对化学科学的发展有一定的作用。　　　　　　　　(　　)

19. 常温常压下,18 g 水中含有的分子数目为 N_A 个。　　　　　　　　(　　)

20. 电解质都能导电。　　　　　　　　　　　　　　　　　　　　　　(　　)

21. 金属单质在化学反应中常作为氧化剂。　　　　　　　　　　　　　(　　)

22. Na_2CO_3 热稳定性好,常用于治疗胃酸过多。　　　　　　　　　　(　　)

23. 人们发现了 n 种元素,也就是发现了 n 种原子。　　　　　　　　(　　)

24. 浓硫酸具有脱水性,因而可以使纸变黑。　　　　　　　　　　　　(　　)

25. 所有元素都既有正化合价也有负化合价。　　　　　　　　　　　　(　　)

26. 酯化反应的机理是酸去氢,醇去羟基。　　　　　　　　　　　　　(　　)

27. 乙烯中所有的原子处在同一平面上。　　　　　　　　　　　　　　(　　)

三、填空题

28. $2Al + 6HCl == 2AlCl_3 + 3H_2\uparrow$ 的反应中,作为氧化剂的物质是＿＿＿＿＿(填化

学式),发生了氧化反应的物质是_____(填化学式);若反应中生成了 6 mol H_2,则需消耗_____mol HCl。

29. 写出下列反应的化学方程式:

(1) 碳酸氢钠加热分解的反应:_____。

(2) 碘化钾溶液中加入氯水后的反应:_____。

(3) 过氧化钠和二氧化碳的反应:_____。

30. 在短周期元素中,A 元素原子核外 M 层电子数是 L 层电子数的 1/2,则 A 元素为_____(填元素符号,下同);C 元素的次外层电子数是最外层电子数的 1/4,则 C 元素为_____。

31. 决定化学反应速率的主要因素是_____,影响反应速率的外部条件有_____、_____、_____、_____等。

32. 元素的化学性质主要取决于原子的_____。

33. 实验室制取氨气的化学反应方程式是_____;可用_____法收集 NH_3,用_____检验 NH_3 是否充满。

34. 甲烷与氯气反应属于_____反应,生成物有_____种。

35. 烷烃的通式是_____,烯烃的通式是_____。

四、计算题

36. 标准状况时,将 2.12 g Na_2CO_3 固体加入到 400 mL 某浓度的盐酸中恰好完全反应生成 CO_2,计算:

(1) 得到 CO_2 气体的体积。

(2) 该盐酸的物质的量浓度。

37. ⅣA 族元素 R,在它的化合物 $R(OH)_n$ 中其质量分数为 0.778,在它的另一种化合物 $R(OH)_m$ 中,其质量分数为 0.636。

(1) 试求 m 和 n 的值。

(2) 试求 R 的相对原子质量。

模拟测试题(二)

一、选择题

1. 紫杉醇具有独特的抗癌功效,目前已成为世界上最好的抗癌药物之一。紫杉醇的分子式为 $C_{47}H_{51}NO_{14}$,它属于(   )。

    A. 单质　　　　　B. 混合物　　　　　C. 无机物　　　　D. 有机物

2. 下列反应中,属于氧化还原反应的是(   )。

    A. $CaCO_3 + 2HCl === CaCl_2 + H_2O + CO_2\uparrow$

    B. $CaCO_3 \xmakeunderline{\ 高温\ } CaO + CO_2\uparrow$

    C. $Na_2O + H_2O === 2NaOH$

    D. $Mg + 2HCl === MgCl_2 + H_2\uparrow$

3. 下列反应的离子方程式正确的是(   )。

    A. 铁溶于盐酸中：$Fe + 2H^+ === Fe^{3+} + H_2\uparrow$

    B. 二氧化硫被烧碱吸收：$SO_2 + 4OH^- === SO_4^{2-} + 2H_2O$

    C. 硫酸与氧化铝反应：$Al_2O_3 + 6H^+ === 2Al^{3+} + 3H_2O$

    D. 铜与稀硝酸反应：$Cu + 8H^+ + 2NO_3^- === Cu^{2+} + 2NO\uparrow + 4H_2O$

4. 将 Cl_2 制成漂白粉的主要目的是(   )。

    A. 增强漂白和消毒作用

    B. 增加氯的百分含量,有利于漂白消毒

    C. 使它转化为较易溶于水的物质

    D. 使它转化为较稳定物质,便于保存和运输

5. 用 N_A 表示阿伏加德罗常数的值。下列叙述正确的是(   )。

    A. 28 g N_2 含有的原子数为 N_A

    B. 1 mol Zn 与足量盐酸反应失去的电子数为 $2N_A$

    C. 标准状况下 22.4 L 水中含有的 H_2O 分子数为 N_A

    D. 2 mol/L NaCl 溶液中含有 Na^+ 个数为 $2N_A$

6. 当光束通过下列分散系时,能观察到丁达尔效应的是(   )。

    A. 盐酸　　　　　　　　　　　B. $Fe(OH)_3$ 胶体

    C. NaCl 溶液　　　　　　　　　D. $CuSO_4$ 溶液

7. 近日,大米中重金属元素镉超标事件被媒体广泛报导。下列有关镉($^{112}_{48}Cd$)的说法正确的是(   )。

    A. 原子序数为 48　　　　　　　B. 电子数为 64

    C. 中子数为 112　　　　　　　D. 质量数为 160

8. 导致下列现象的主要原因与排放 SO_2 有关的是（　　）。

    A. 酸雨   B. 光化学烟雾

    C. 臭氧空洞   D. 温室效应

9. 氮是生命活动不可缺少的重要元素。下列叙述错误的是（　　）。

    A. 氮气既可作氧化剂又可作还原剂

    B. 氮气和氧气在放电条件下直接生成 NO_2

    C. 氮气是工业合成氨的原料之一

    D. 氮的固定是将大气中的氮气转化成氮的化合物

10. 下列关于铁的叙述中,正确的是（　　）。

    A. 纯铁更易生锈

    B. 铁在高温密闭条件下氧化生成四氧化三铁

    C. 铁是地壳中含量最多的金属元素

    D. 铁在高温下与水蒸气反应生成氢气和四氧化三铁

11. 在已经处于化学平衡状态的体系中,如果下列量发生变化,其中一定能表明化学平衡移动的是（　　）。

    A. 反应混合物的浓度   B. 反应体系的压强

    C. 正、逆反应的速率   D. 反应物的转化率

12. 55 g 铁铝混合物与足量的盐酸反应生成标准状况下的氢气 44.8 L,则混合物中铁和铝的物质的量之比为（　　）

    A. 1∶1   B. 1∶2   C. 2∶1   D. 2∶3

13. 下列物质一定与 C_4H_{10} 互为同系物的是（　　）。

    A. C_3H_6 B. C_6H_6 C. C_3H_8 D. C_4H_8

14. 下列各反应属于加成反应的是（　　）。

    A. $SO_3 + H_2O \Longrightarrow H_2SO_4$

    B. $CH_2 \!=\! CH_2 + H_2O \longrightarrow CH_3 - CH_2OH$

    C. $CH_3Cl + Cl_2 \longrightarrow CH_2Cl_2 + HCl$

    D. $CO_2 + 2NaOH \Longrightarrow Na_2CO_3 + H_2O$

15. 下列物质中,由于发生化学反应既能使酸性高锰酸钾溶液褪色,又能使溴水褪色的是（　　）。

    A. 苯   B. 乙烯   C. 甲苯   D. 乙烷

16. 乙酸是生活中常见的一种有机物,下列关于乙酸的说法中正确的是（　　）。

    A. 乙酸的官能团为—OH   B. 乙酸的酸性比碳酸弱

    C. 乙酸能够与金属钠反应产生氢气   D. 乙酸能使紫色的石蕊试液变蓝

17. 近年来,某市鼓励出租车采用 LPG(液化石油气)作为汽车的燃料,其主要目的在于（　　）。

    A. 防止石油短缺   B. 降低成本

    C. 减少对大气的污染   D. 加大发动机的动力

二、判断题

18. 常温常压下，18 g 水中含有的分子数目为 N_A 个。 （ ）

19. 化合反应不一定是氧化还原反应。 （ ）

20. 氯化钠溶液在电流作用下电离成钠离子和氯离子。 （ ）

21. Na_2CO_3 的热稳定性好，常用于治疗胃酸过多。 （ ）

22. 二氧化硅的化学性质活泼，能与酸、碱发生化学反应。 （ ）

23. 自然界中碳单质有金刚石、石墨烯等多种形式。 （ ）

24. 所有元素都既有正化合价也有负化合价。 （ ）

25. 1-丁烯和丁烷能使溴水褪色。 （ ）

26. 乙酸分子中虽然有 4 个氢原子，但乙酸是一元酸。 （ ）

27. 羊毛、棉花、蚕丝的主要成分是蛋白质。 （ ）

三、填空题

28. 0.2 mol Cl_2 的质量是_____，在标准状况下所占的体积约为_____，所含的分子数约为_____。

29. 写出下列反应的化学方程式：

（1）小苏打受热分解：_____。

（2）碘化钾溶液中加入氯水后的反应：_____。

（3）纯碱和盐酸的反应：_____。

（4）由丙烯制取聚丙烯：_____。

30. 有 A、B、C、D 四种短周期元素，它们的原子序数由 A 到 D 依次增大，已知 A 和 B 原子有相同的电子层数，且 A 的 L 层电子数是 K 层电子数的 2 倍，C 燃烧时呈现黄色火焰，C 的单质在高温下与 B 的单质充分反应，可以得到与 D 单质颜色相同的淡黄色固态化合物，试根据以上叙述回答：

（1）元素名称：A _____，B _____，C _____，D _____。

（2）写出 AB_2 的电子式为_____。

（3）画出 D 的原子结构简图：_____，用电子式表示化合物 C_2D 的形成过程：_____。

31. 在有机化学中，—OH 称为_____，—CHO 称为_____，—COOH 称为_____。

32. 人体所需的营养素有糖类、_____、蛋白质、_____、无机盐、水和膳食纤维共七大类。

33. 在一块大理石（主要成分是 $CaCO_3$）上，先后滴加 1 mol/L HCl 溶液和 0.1 mol/L HCl 溶液，反应快的是滴加了_____的，先后滴加同浓度的热盐酸和冷盐酸，反应快的是滴加_____的，用大理石块和大理石粉分别跟同浓度的盐酸起反应，反应快的是用了_____的。

34. 油脂是_____和_____的统称。

35. 在医学上常用于消毒的酒精含量为_____%。

四、计算题

36. 标准状况下,将 2.24 g 金属铁与足量的稀盐酸充分反应,可生成氢气多少毫升?

37. 有 A、B 两种短周期的元素,已知 A 的原子最外层有 3 个电子,5.4 g A 能从一定量稀盐酸中置换出 0.6 g H_2,B 元素的最高价氧化物的化学式为 BO_3。在 B 的氢化物中,B 的质量分数为 94.1%。求:

(1) A、B 两种元素的相对原子质量。

(2) 写出 A 和 B 的元素符号。

模拟测试题(三)

一、选择题

1. 下列物质中,属于电解质的是(　　)。

    A. 盐酸　　　　　　　B. $BaSO_4$　　　　　　　C. CO_2　　　　　　　D. NaOH 溶液

2. 下列反应中,属于氧化还原反应的是(　　)。

    A. $Na_2O + H_2O == 2NaOH$

    B. $NH_4Cl \xrightarrow{\triangle} NH_3\uparrow + HCl\uparrow$

    C. $KOH + HCl == KCl + H_2O$

    D. $Cu + 2H_2SO_4(浓) \xrightarrow{\triangle} CuSO_4 + SO_2\uparrow + 2H_2O\uparrow$

3. 下列离子方程式中,正确的是(　　)。

    A. 铁与氯化铁溶液反应:$Fe + Fe^{3+} == 2Fe^{2+}$

    B. 大理石与稀盐酸反应:$CO_3^{2-} + 2H^+ == CO_2\uparrow + H_2O$

    C. 钠跟水的反应:$Na + 2H_2O == Na^+ + 2OH^- + H_2\uparrow$

    D. 氯气与氢氧化钠溶液反应:$Cl_2 + 2OH^- == Cl^- + ClO^- + H_2O$

4. 火法炼铜的化学反应为 $CuS + O_2 \xrightarrow{高温} Cu + SO_2$。其中 CuS 是(　　)。

    A. 氧化剂　　　　　　　　　　　　B. 还原剂

    C. 既是氧化剂,又是还原剂　　　　D. 既不是氧化剂,又不是还原剂

5. 下列物质既含离子键又含共价键的是(　　)。

    A. CO_2　　　　　B. $CaCl_2$　　　　　C. NaOH　　　　　D. C_6H_6

6. 下列有关钠的叙述正确的是(　　)。

    ① 钠在空气中燃烧生成白色的过氧化钠　　② 金属钠可以保存在煤油中　　③ 钠与硫酸铜溶液反应,可以置换出铜　　④ 金属钠有强还原性　　⑤ 钠原子的最外层上只有一个电子,所以在化合物中钠的化合价显 +1 价

    A. ①②④　　　　B. ②③⑤　　　　C. ①④⑤　　　　D. ②④⑤

7. 某无色酸性溶液中,一定能够大量共存的离子组是(　　)。

    A. Cu^{2+}、Ba^{2+}、Cl^-、NO_3^-　　　　　　B. Na^+、Mg^{2+}、SO_3^{2-}、NO_3^-

    C. Fe^{2+}、Ba^{2+}、NO_3^-、Cl^-　　　　　　D. Na^+、NH_4^+、SO_4^{2-}、Cl^-

8. 饱和氯水长期放置后,下列微粒在溶液中不减少的是(　　)。

    A. Cl^-　　　　　B. HClO　　　　　C. Cl_2　　　　　D. H_2O

9. 下列物质的溶液既能与 H^+ 反应,又能与 OH^- 反应的是(　　)。

    A. $MgSO_4$　　　　B. Na_2CO_3　　　　C. $(NH_4)_2SO_4$　　　　D. $NaHCO_3$

10. 硝酸的性质与下列现象不相符合的有(　　)。

A. 打开浓硝酸的试剂瓶塞,有白雾冒出

B. 稀硝酸不能与铜反应

C. 稀硝酸能使紫色石蕊试液变红

D. 久置的浓硝酸呈黄色

11. 下列对二氧化硫气体的物理性质或化学性质描述正确的有( )。

A. 无色、无味　　　　　　　　B. 容易液化、难溶于水

C. 有漂白性,能使品红溶液褪色　　D. 和水反应生成硫酸

12. 2011 年 3 月 11 日,日本由于发生了大地震,导致福岛核电站发生了核泄漏,其周边区域的空气中漂浮着放射性物质,其中含有碘的同位素$^{131}_{53}I$,$^{131}_{53}I$ 中的质子数为( )。

A. 78　　　　　　B. 53　　　　　　C. 131　　　　　　D. 184

13. 下列叙述正确的是( )。

A. 1 mol O 的质量是 32 g/mol　　　B. OH^- 的摩尔质量是 17 g

C. 1 mol H_2O 的质量是 18 g/mol　　D. CO_2 的摩尔质量是 44 g/mol

14. 下列关于有机物性质的说法正确的是( )。

A. 乙烯和甲烷都可以与氯气反应

B. 乙烯和聚乙烯都能使溴的四氯化碳溶液褪色

C. 乙烯和苯都能使酸性高锰酸钾溶液褪色

D. 乙烯和乙烷都可以与氢气发生加成反应

15. 下列属于取代反应的是( )。

A. 甲烷燃烧

B. 在镍为催化剂的条件下,苯与氢气反应

C. 在光照条件下甲烷与氯气的反应

D. 将乙烯通入酸性 $KMnO_4$ 溶液中

16. 在一定的条件下,可与苯发生反应的是( )。

A. 酸性高锰酸钾溶液　　　　　　B. 溴水

C. 纯溴　　　　　　　　　　　　D. 氯化氢

17. 化学与生活、健康关系密切,下列说法错误的是( )。

A. 硅胶可用于干燥氯气,也可用作食品干燥剂

B. 煮沸水可降低水中 Ca^{2+}、Mg^{2+}、HCO_3^- 的浓度

C. 在轮船外壳上装上锌块,可减缓船体的腐蚀速率

D. 碘是人体必需的微量元素,所以要尽可能多地吃富含碘元素的食物

二、判断题

18. 氧气的摩尔质量等于氧气的相对分子质量。　　　　　　　　　　( )

19. 1 mol 气体的体积就是气体的摩尔体积。　　　　　　　　　　　( )

20. 自然界中硅以游离态形式存在。　　　　　　　　　　　　　　　( )

21. 所有元素都既有正化合价也有负化合价。　　　　　　　　　　　( )

22. 氮的固定是指将游离氮固定为化合态氮的过程。　　　　　　　　( )

23. $Al(OH)_3$ 能凝聚水中的悬浮物,还能吸附色素。　　　　　　　　( )

24. 硫的非金属性较强，所以只以化合态存在于自然界。 （　　）

25. 无水乙醇常用于医疗消毒。 （　　）

26. 一定条件下，糖类都能发生水解反应。 （　　）

27. 分子组成相差一个或者若干个 CH_2 原子团的化合物一定互为同系物。 （　　）

三、填空题

28. 在 $Cu+4HNO_3(浓)=\!\!=Cu(NO_3)_2+2NO_2\uparrow+2H_2O$ 的反应中，作为氧化剂的物质是_____（填化学式），发生了氧化反应的物质是_____（填化学式）。若反应中生成了 1.5 mol NO_2，则需消耗_____mol 浓 HNO_3。

29. 在短周期元素中，非金属性最强的元素是_____，最高价氧化物对应水化物的酸性最强的元素是_____，原子半径最小的元素是_____，与水反应最剧烈的金属是_____。

30. 为了检验溶液中的硫酸根离子，先用_____酸化，再加入氯化钡溶液。

31. 在下列有机物中：① CH_3CH_3、② $CH_2\!\!=\!\!CH_2$、③ $CH_3CH_2C\!\!\equiv\!\!CH$、④ $CH_3C\!\!\equiv\!\!CCH_3$、⑤ C_2H_6、⑥ $CH_3CH\!\!=\!\!CH_2$，互为同系物的是_____（填序号，下同），互为同分异构体的是_____。

32. 已知硼元素只有两种同位素，分别为 ^{10}B 和 ^{11}B，硼的近似原子量为 10.8，则同位素 ^{10}B 和 ^{11}B 的原子个数比为_____。

33. 乙醇从结构上可看成是_____基和_____基相连而构成的化合物。

34. 在一定条件下，用乙烷和乙烯制备氯乙烷 (C_2H_5Cl)，试回答：

①用乙烷制备氯乙烷的化学方程式是_____，该反应的类型是_____。

②用乙烯制备氯乙烷的化学方程式是_____，该反应的类型是_____。

比较上述两种方法，第_____种方法好（填序号），原因是_____。

35. 蛋白质和淀粉两种物质水解的最终产物分别是_____和_____。

四、计算题

36. 计算燃烧 88 g 丙烷，生成二氧化碳和水的物质的量各是多少？

37. 把 5.4 g Al 放入 NaOH 溶液中，铝完全反应。计算：

(1) 求 5.4 g Al 的物质的量。

(2) 若反应完溶液体积为 100 mL，求偏铝酸钠溶液的浓度。

(3) 求生成 H_2 的体积（标准状况下）。

参考文献

［1］宋心琦. 普通高中课程标准实验教科书·化学 1［M］. 北京：人民教育出版社，2007.

［2］宋心琦. 普通高中课程标准实验教科书·化学 2［M］. 北京：人民教育出版社，2007.

［3］唐建生，陈瑶. 基础化学［M］. 北京：北京师范大学出版社，2014.

［4］汪淙，刘培玲. 化学［M］. 2 版. 北京：高等教育出版社，2017.

［5］卢琦. 科学·化学［M］. 长沙：湖南科学技术出版社，2007.

［6］人民教育出版社化学室. 化学［M］. 北京：人民教育出版社，2016.

［7］张民生，郭长江. 自然科学基础［M］. 3 版. 北京：高等教育出版社，2020.

［8］刘斌，张龙. 化学（通用类）（修订版）［M］. 北京：高等教育出版社，2013.

［9］慕慧. 基础化学［M］. 3 版. 北京：科学出版社，2013.

［10］赵玉娥. 基础化学［M］. 3 版. 北京：化学工业出版社，2015.

［11］李保山. 基础化学［M］. 2 版. 北京：科学出版社，2016.

［12］王祖浩. 普通高中课程标准实验教科书·化学 1［M］. 南京：江苏教育出版社，2010.

［13］王祖浩. 普通高中课程标准实验教科书·化学 2［M］. 南京：江苏教育出版社，2015.

［14］刘斌，贾海燕，张龙. 化学（通用类）［M］. 3 版. 北京：高等教育出版社，2020.